영상 제작 Teaching Point: 교육 지도서

◆

연희승

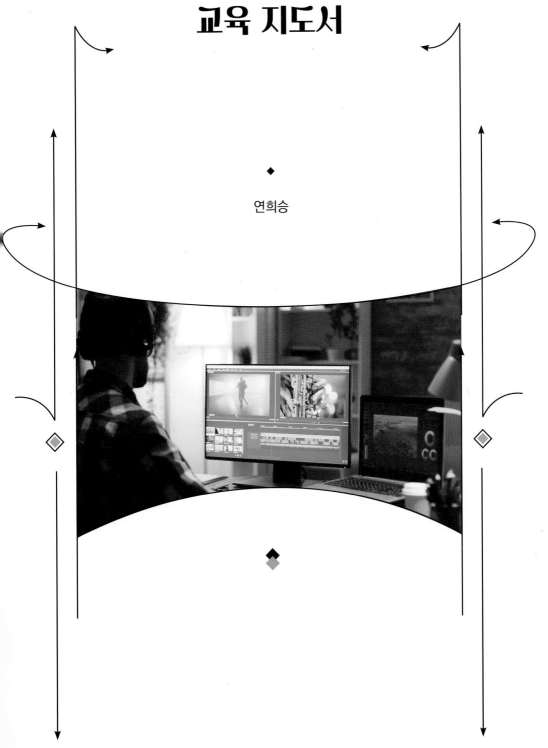

머리말

교사

(촬영, 편집은) 튜토리얼 보면서 가르치겠는데, 다른 건 또 뭘 알려줘야 할지 모르겠어요.

학생들이 편집까지 할 줄 아는데도 결과물이 나아지지 않아요.

제가 전문가가 아니니까. 저도 따로 공부하긴 하는데, 피드백 줄 때도 사실 맞는 건지 잘 모르겠어요.

학부모

아이가 동영상 제작에 소질이 있는 건지 모르겠어요.

같이 만들고 싶은데 무엇부터 시작해야 할지 모르겠어요.

(문제집처럼) 해답지라도 있으면 보면서 가르치겠는데…

위 이야기는 교사(초, 중, 고)와 학부모를 대상으로 한 수업에서 들은 내용이다. 내용을 요약하면 제작 교육 방법을 모르겠다는 것이고, 더 구체적으로는 지금까지 해 온 교육에서 더 발전하는 방법을 몰라 맴돌고 있다는 것이다.

그동안 나는 자신의 실력 향상을 위해 노력하는 수강생을 대상으로 강의했었는데, 교사와 학부모는 또 다른 수강생 유형으로 자신을 위해서가 아닌 타인(학생, 자녀)을 도우려는 새로운 수업 대상이었다. 나로서는 도움을 주고 싶어 하는 이들을 먼저 도와야 하는 입장에 있는 것이었다. 목적이 다른 대상에게 그동안 내가 해 온 강의 형태를 그대로 적용할 수 없어 새로운 접근 방법을 마련하기 시작했다.

위의 내용을 시각화 형태로 한 번 더 정리하면 그동안의 수업은 나의 경험을 학생에게 바로 전달하는 형태였다.

그동안의 수업 경로

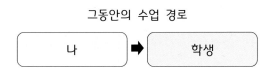

이번에는 내가 아닌 '교사와 학부모가 학생과 자녀에게 전달'하는 '목적' 이 다른 수업으로 바뀌었다.

수업 목적에 따른 경로 변화

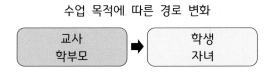

교사와 학부모라는 '중간 전달자'를 통하여 학생과 자녀에게 이어지는 수업인 것이다. 교사와 학부모는 학습자이자 교육자여서, 배우는 것에 그쳐서는 안 되고 가르칠 수 있는 단계가 되도록 안내해야 했다.

새로운 수업 경로

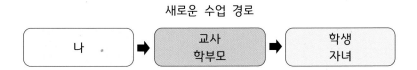

교사와 부모의 큰 걱정은 (본인이 전문가가 아니어서) 자신감이 없다는 것인데, 사실 그분들은 교육자로서 이미 충분한 능력이 있다. 쉬운 예로, 아이가 태어나서 옹알이하고, 말을 하고, 글자를 알고, 기어 다니고, 걷고, 뛰고

등을 처음으로 가르치는 사람은 아이 곁에 있는 어른이다. 전문 언어 선생님이 옹알이를 가르치지 않고, 의사나 체육 선생님이 걷는 법을 가르치지 않는다. 동영상 제작의 기초 교육도 교사와 부모가 안 해본 영역이어서 막연한 두려움이 있는 것이지, 할 수 없는 영역은 아니다. 경험이 어느 정도 형성되면 걱정은 줄어들 것이다. 아이에게 발판을 만들어주면, 그 다음은 스스로 나아갈 힘이 생기니 뼈대를 같이 만들고 안내자 역할을 하면 된다. 제작 전문가가 아니라는 걱정과 부담을 조금이라도 덜길 바란다.

이러한 교육자와 동행하기 위해 지침서를 만들었다. 궁극적으로 학생이 스스로 제작 능력의 약점을 발견하고, 그것을 객관적으로 분석하여 성장하는 방법을 터득하도록 '무엇을', '왜', '어떻게' 가르칠지를 다룬다. 교육자가 먼저 연습하고(해답지를 보고) 알려줄 수 있도록, 여러 시행착오를 겪지 않아도 되는 비밀 매뉴얼로 생각하면 좋겠다. 결국 그만큼 개인의 시간과 (제작 연습)비용을 줄일 수 있을 것이다.

주요 내용은 '경험'이 중요한 제작에서 '경험 없는 사람(교사와 학생 모두)이 어떤 방법으로 함께 성장할 수 있는지'이다. 제작 교육에서의 '경험'을 이해하기 위해 Part 01에서는 경험 교육의 대가 '존 듀이(교육자이자 철학자)'의 개념을 살펴보고, 이를 바탕으로 한 교육 방법을 알아볼 것이다. Part 02에서는 실전 예제를 통해 함께 연습하는 시간을 갖는다. 두 파트를 통해 교육자가 제작에 대한 시각을 넓힐 수 있도록, 학생과의 즐거운 협업이 될 수 있도록 최선을 다해 안내할 것이다. 전문가도 처음(훈련 전)에는 경험이 부족한 제작자였다는 걸 생각하면 마음이 한결 가벼워질 테니, '동영상 제작 교사'로서 자부심 가지시길 바라며 진심의 응원을 보낸다.

CONTENTS
차 례

PART 02

실전! 선행 경험

Chapter 03

첫 번째 단계 Pre-production은 중요하니까 한 번 더!
: 캐릭터와 스토리_feat. 영화, 소설 등

영상 제작 Teaching Point: 교육 지도서

PART

01

● ● ●

티칭 포인트의 핵심!
선행 경험

01

선행 경험이 필요한 이유

1. 학생들의 과거 경험의 차이

　　대학에서 진행되는 제작 수업은 실전처럼 연습하려고 팀을 이루어 움직인다. 소규모 현장 분위기로 연출, 프로듀싱, 시나리오 쓰기, 촬영, 편집, 사운드, 프로덕션 디자인 등 전문 역할을 경험할 수 있도록 한다. 이 중에 관심 분야가 있어 수강하는 학생도 있고, 아직은 구체적인 역할을 모르는 학생도 있다. 이제 막 시작하는 단계의 학생은 제작보다 주로 감상을 해온 시청자에 가까운 형태인데, 사실 제작을 안 해봤다고 해도 체계적인 경험이 없는 것이지 전혀 모르는 것은 아니다. 평소에 휴대폰 카메라로 촬영하고, SNS에 올리고, 지인들과 공유하고 이야기를 나눈 것 모두가 제작의 일부이다.

　　그리고 촬영, 편집 장비(스마트폰, 편집 앱 등)의 접근성이 예전보다 수월해져 소규모 제작을 진행해 본 학생이 많아졌다. 일부는 경험 많은 친구와 함께 학교 프로젝트로 작품을 만들어 본 적 있고, 예술 고등학교를 졸업한 학생은 제작 과정을 잘 알고 있고, 공모전 참가 경력도 있다. 소수이긴 하지만 시간제로 제작 현장에서 일을 해본 학생도 있다.

　　이렇게 학생들은 제작과 관련해 다양한 배경을 갖고 있다. 그리고 수강 목적도 여러 가지인데, 가벼운 마음으로 수강하는 학생은 앞으로의 진로에 도움이 될지 판단하려는 의도가 있고, 상대적으로 경험이 많은 학생은 작품 완성도를 높이려는 목적이 있다. 결과적으로 제작 수업은 배경과 수강 목적이 다양한 학생들이 모여 함께 성장하는 곳이라 할 수 있다.

강의를 시작한 지 얼마 안 되었을 때(2012년)의 일이다. 대부분의 수강생이 자발적 동기가 강했고 초반부터 흥미를 보이며 열심히 참여했다. 그래서 별문제 없이 수업이 잘 진행되는 줄 알았다. 하지만 겉으로 보이기에만 괜찮은 것이었다. 학기가 지나고 몇 주 후, 학생 면담을 했는데 예상치 못한 불만족스러움이 있었다. 경험이 적은 학생과 경험이 조금 더 있는 학생의 마찰에서 비롯된 일이었다. 경험이 적은 학생은 자신의 역할이 없는 것 같아 위축되고 짐이 된 기분이며, 초반에는 제작이 재밌을 줄 알았는데 점점 두려워진다고 했다. 반대로 경험이 조금 더 있는 학생은 자신이 주도권을 갖고 움직여야 해서 책임져야 할 것이 많다고 했다. 혼자서 일을 다 하는 것 같고, 다른 학생들은 자신이 시킨 대로 수동적으로만 움직여 답답하다고 했다.

사실 기초 단계 이상의 수업(3, 4학년 수업)에서는 이런 점이 크게 문제되지 않는다. 학생들이 제작 프로세스를 대부분 알고 있고, 각자 세부 전공(연출, 촬영, 편집 등 집중적으로 선택)에 맞춰 활동하기 때문이다. 하지만 기초 수업에서의 초보자는 전체 제작 과정이 머릿속에 없어 그걸 알고 있는 학생에게 의도치 않게 의지하게 되고, 조금 더 경험이 있는 학생은 이런 학생들을 이끌어가야 한다고 생각하는 것이다. 수업 전부터 이미 가진 '선행(사전) 경험의 차이'가 기초 제작 수업에서 피할 수 없는 부분이자 해결해야 할 문제였다. 이를 극복하고 균형 있는 참여가 유지되도록, 결국 모두가 만족스러운 성장이 되도록 학생들의 (제작 관련) 경험 차이를 좁힐 수 있는 구체적인 방법을 마련해야 했다.

2. 제작 교육은 경험의 재구성

선행 경험은 사실 제작에서만의 이야기가 아니다. 각자의 신입 시절을 생각해 보자. 물어봐야 할 것이 한두 개가 아니었고, 일에 익숙해지기까지 실수도 많이 했을 것이다. 원하던 일을 한다는 것과 경제적 독립을 한다는 것에 설레고 기쁜 마음도 있지만, 결코 쉽지 않은 시간이었을 것이다. 신입 교육을 받고, 사수(상사)가 도와주어도 직접 몸으로 겪어보지 못한 것들의 연속이어서 하나를 해결해도 그 다음이 막혔다. 무엇이 다가올지 모르니 막연한 걱정이 앞서고 몸과 마음도 힘들었다. 하지만 어떻게 해서든 참고 견뎌 그 일(또는 프로젝트)을 처음부터 끝까지 한번 해보면, 그 다음부터는 걱정이 줄어든다. 자세하게는 아니더라도 어떻게 프로세스가 돌아가는지 경험했기 때문에 다음을 예상할 수 있게 된 것이다.

어떤 일을 하는 데에는 그 전체 과정을 아는 것과 그렇지 않은 것에는 큰 차이가 있음을 우리는 알고 있다. 알수록 부담이 적고, 예상을 할 수 있으니 준비하게 된다. 이게 바로 선행 경험의 중요성이다. 선행 경험은 제작에서도 다음을 준비할 수 있게 만든다.

구체적으로 선행 경험의 어떤 부분이 제작과 관련되는지 알고 싶어 우선 '경험'과 관련된 교육적 개념을 찾기 시작했다. 그리고 얼마간의 방황 끝에 미국의 교육학자이자 철학자인 존 듀이(John Dewey, 1859~1952)에게서 답을 찾을 수 있었다. 듀이는 '경험'을 중요시하는 교육의 대가이자, 잘 알려진 개념인 '행하면서 배운다(Learning by Doing)'를 구체화한 인물 중 하나이다. 그의 개념을 살펴보며 제작 교육에 도움 되는 방법을 알게 되자 막혔던 길이 열린 기분이었다.

기본적으로 그가 말하는 교육은 '경험의 재구성 또는 재조직(Reconstruction or Reorganization of experience)'이다. 교육은 경험의 의미를 증가시키는 것이고, 앞으로의 방향 결정 능력을 기르도록 경험을 '재구성' 또는 '재조직'하는 것이라고 말한다. 모든 경험은 이전의 경험으로부터 영향을 받고 발전하기 때문이다. 다른 교육 분야도 마찬가지겠지만 듀이의 개념은 '경험 학습'이라는 점에서 '제작 교육'과 의미 있게 연결 지을 부분이 많다.

우리는 그의 개념 중 초보자의 어려움을 해소하기 위해 '선행 경험'에 집중할 것이다. 이를 실제 교육에 적용하려고 몇 가지 다른 개념도 함께 알아볼 것이다. '듀이의 교육관'을 시작으로 그가 말하는 '일차적 경험'과 '이차적 경험'의 차이, 경험의 '수단'과 '목적', '경험의 연속성', '유기체', '직접 흥미'와 '간접 흥미' 등을 함께 공부할 것이다.

　사실 듀이의 용어는 생소한 개념이 많아 다소 어려울 수 있다. '굳이 이렇게까지 알아야 하나?'라는 생각이 들 수도 있다. 하지만 그가 구축해 놓은 '경험' 교육을 이해하기 위해서는 조금 시간이 걸리더라도 제대로 공부해야 한다. 앞으로의 교육 방법을 구상하는 데 많은 도움을 받을 테니 끝까지 함께 하면 좋겠다.

02

선행 경험과 관련된 주요 개념

1. 철학자 '존 듀이'의 교육관

Key words

유기체, 내적 조건, 전통적 교육, 진보적 교육, 관람자적 지식론, 참여자적 지식론

•• 유기체, 내적 조건

우리는 무언가를 배울 때 아무것도 모른 채로 시작한다고 생각하기 쉽다. 하지만 완전히 깨끗한 백지에서 시작하는 경우는 거의 없지 않을까 싶다. 살면서 알게 모르게 직간접적으로 환경으로부터 영향을 받고, 이 모든 것들이 내면에 쌓이기 때문이다. 특별히 의식하지 못할 뿐이지 과거부터 지금까지 내가 가진 지식, 경험, 생각 등이 함께 작용하여 나를 만들어 온 것이다.

듀이는 이런 생각을 개념으로 정리하였다. 그는 배우려는 주체(학생)를 '유기체(Organism)'라 하고, 유기체는 환경 안에서 영향을 주고받으며 경험을 성장시킨다고 한다. 배움에서는 특히 조건을 고려해야 하는데, 유기체를 기준으로 조건은 두 가지로 나뉜다. 유기체 밖에 있는 '외적 조건'과 유기체 안에 있는 '내적 조건'이다. 외적 조건은 환경 속에 있는 조건들이며, 동료, 교과, 교사 등이 포함된다. 내적 조건은 유기체 자신만이 가진 고유한 조건으로 듀이가 교육에서 중요하게 생각한 부분이기도 하다. 그는 전통적

(Traditional) 교육 방식(수동적 답습)에 반감을 가졌는데, 그 이유 중 하나가 내적 조건의 중요성을 간과했기 때문이었다. 그 정도로 듀이는 유기체 각자가 가진 고유의 특성을 중요하게 생각했다.

•• 전통적 교육, 진보적 교육

듀이가 활동했던 당시의 전통적 교육은 수동적 학습에서 크게 벗어나지 못하여 그는 전통적 교육 방법에 긍정적이지 않았다. '학생이 자발적인 흥미가 있어도 과거 지식의 답습은 수동적인 학습이 될 수밖에 없다'고 지적할 정도였다. 시대가 변하면서 교육 방법과 교재 등이 다양해졌지만, 과거의 것을 똑같이 배운다는 사실이 변하지 않았다는 것이다. 그래서 듀이를 전통적 교육에 반대하는 진보적(Progressive) 교육가로 보는 견해가 생겼다. 하지만 그러한 견해도 듀이의 깊은 생각을 잘 이해하지 못한 채 단편적으로만 분류하는 것이긴 했다.

듀이는 일반적으로 '진보적'이라 불리는 교육은 목적과 이유 없이 학생의 '흥미'와 '활동'에만 지나치게 치우쳐 있다고 보았다. 그리고 이론과 실습이 분리된 '이원론'을 반대했는데, 진보적 교육에 이 특성이 있다는 것이다. 이원론은 전통적인 교육에서 그대로 이어진 것이고, 이를 진보적 교육이 극복하지 못하고 그대로 남겨두었다는 것이다. 듀이는 이론과 실습은 분리되지 않고 과거와 현재, 미래까지 서로 영향을 주고받는 대상으로 여겨 두 부류로 갈라 따로 생각하기 어렵다고 말했다.

•• 관람자적 지식론, 참여자적 지식론

듀이의 또 다른 개념에는 '관람자적 지식론(Spectator theory of knowledge)'과 '참여자적 지식론(Participant theory of knowledge)'이 있다. 이는 서로 대비되는 개념으로, 예를 통해 이해하는 것이 수월할 것이다.

'영화 감상'을 생각해 보자. 관객인 우리는 감상하는 동안 영화에 아무런 영향을 줄 수 없다. 영화는 만들어진 그 상태로 변화 없이 존재하고, 우리는 수동적으로 그대로 받아들인다. 이것이 듀이가 말하는 '관람자적 지식론'이다. 학생은 교실에 앉아 교사의 강의를 듣거나 책을 읽는데, 전달되는 그 자체로 교육내용을 받아들이는 것이다. 교사는 학생이 어떠한 관심과 배경이 있는지, 교육의 주체로 어떻게 함께 수업에 참여해야 하는지 모른 채 변화되지 않은 과거의 지식만 반복할 뿐이다. 듀이는 관람자적 지식론에 대해 '열심히 공부하면 발전할 수 있다는 믿음만 존재할 뿐'이라고 다소 직설적으로 지적했다.

하지만 최근의 영화는 과거의 형태와 많이 달라졌고, 관객도 자신의 입장을 바꾸기 시작했다. 적극적인 피드백과 함께 영화 만들기 전이나 후에 영향을 주어, 작품의 변화를 이끌기도 한다. 영화뿐 아니라 온라인 방송 같은 경우는 시청자의 의견에 방향이 많이 좌우된다. 제작자가 댓글, 직접적인 피드백 등 시청자 의견에 항상 귀 기울이고 있는 이유가 이 때문이다.

이것이 참여자적 지식론을 이해할 수 있는 쉬운 예다. 시대가 변하고, 학생은 생각과 정보를 받아들이는 방법이나 이해하는 능력이 모두 다르기 때문에 수동적인 학습을 피해야 하는 것이다. 조금 더 풀어 말하면, 학생은 각자 다른 환경에서 다른 과거 경험을 갖고 성장해 왔기 때문에 그들에게 수동적으로 똑같은 지식을 강요할 수 없다. 다시 한 번 더 '내적 조건'이 얼마나 중요한지, 교사가 얼마나 관심을 가져야 할 부분인지를 알 수 있는 대목이기도 하다.

그렇다면 제작 교육에서는 이 내적 조건을 어떻게 활용해야 할까? 그보다 더 근본적으로 어떻게 학생의 내적 조건을 파악할 수 있을까? 우리는 내적 조건 중에서도 경험이 중요한 제작 수업이기 때문에 '선행 경험'에 더 초점을 두어야 하는데, 이를 일일이 파악하는 것은 시간적으로나 인력적으로나 많이 부족할 것이다. 학생 개개인의 선행 경험을 현재 학습과 정확하게 연결하는 것도 사실상 불가능하다. 듀이를 통해 조금 더 방법을 찾아보자.

2. 일차적 경험, 이차적 경험, 하나의 경험

제작과 관련된 선행 경험을 이해하기 위해 먼저 '경험'이 무엇인지 자세히 알 필요가 있다. 단순히 '몸으로 겪어보는 것'이라 생각하기에는 앞으로 교육 방법을 직접 개발하고 적용해야 하는 교사에게는 턱없이 부족한 설명이다. 경험 교육의 대가 듀이가 경험을 일차적, 이차적으로 구분하여 설명하는 것만 보아도 단순하지 않음을 눈치챌 수 있을 것이다.

본격적으로 그 구분된 개념을 알아보자. 듀이가 말하는 '일차적 경험'은 주체(학습자)가 체계적인 사고를 하지 않고 대상을 맞닥뜨리는 것을 말한다. 행동에 계획이나 의도적 이유 없이 환경 속에 존재하는 어떤 것에 대해 단지 겪는 것이다. 이러한 일차적 경험을 듀이는 '직접 경험(First-hand experience)' 또는 '일상 경험(Ordinary experience)'이라고 부른다.

'이차적 경험'은 '반성적(Reflective) 경험'이라고도 하며 과학적이고 성찰적인 사고를 포함한다. 주체는 지식을 얻으려는 의도를 갖고 대상에 접근하는 것이 특징이다. 예를 들어, 어떤 사람이 길을 걷다 벽화를 본다고 하자. 그가 겪는 일차적 경험은 단지 보는 그 자체이다. 하지만 벽화에 사용된 재료가 궁금해지고 이를 확인하기 위해 걸음을 멈추고 자세하게 살피기 시작한다면, 단순히 바라만 보는 일차적 경험에서 끝나지 않고 이차적 경험을 하게 되는 것이다.

일차적이나 이차적이나 똑같이 '경험'이라고 말할 수 있지만, 예를 통해 봤듯이 둘의 성격은 다르다. 이차적 경험은 지식이나 정보를 얻으려는 고의적인 의도가 포함된 것임을 듀이는 강조한다. 그리고 이차적 경험은 정지된 결과물이 아닌 변화 가능성이 있는 상태라고 하는데, 듀이에 따르면 이차적 경험은 멈추지 않고 '질성적(Qualitative)인 상태'로 돌아와야 한다고 한다. '질성적인 상태'란 단어가 어렵긴 한데, 다시 말해 학습자가 의도 없이 알게 되는 일차적 경험 상태를 의미하는 것이다. 쉬운 이해를 위해 아까 벽화의 예로 돌아가서 생각해 보자.

학습자는 재료에 대해 조사한 후, 궁금하던 것을 알게 된 이차적 경험을 했다. 그리고 후에 같은 재료를 사용하게 된 그림을 또 보게 되면, 그때는 의도와 사고 없이 이해하게 될 것이다. 이렇게 얻은 경험이 내 일상으로 돌아와 특별한 목적이나 의식 없이도 알 수 있는 상태, 즉 '질성적인 상태'가 되어야 완전한 경험을 한 것이다. 이것을 듀이는 '하나의 경험'을 했다고 표현하며 '하나의 경험'이 될 수 있는 상태는 이차적 경험이 일차적 경험으로 돌아와 질성적인 형태를 가질 때라고 한다.

3. 선행 경험과 현재 경험의 관계

듀이에 따르면 경험은 과거의 것이 새로운 것에 영향을 주고, 그 새로운 것은 또 다른 새로운 것에 영향을 주는 끊임없는 과정을 통해 성장한다. 이러한 연속 과정은 그의 개념 중 '수단(Means)'과 '목적(Aim)'의 관계를 알면 더 잘 이해할 수 있다. 쉽게 말해 학생의 선행 경험은 '수단'으로 기능하며 새로운 경험은 '목적'이 되어 연속적으로 변하는 것이다.

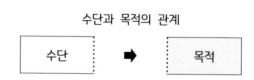

수단과 목적의 관계

수단과 목적의 지속적인 관계는 다음 그림에 잘 나타나 있다. 이는 연속적 상황에서 수단과 목적이 어떻게 변하고 어떠한 역할을 하는지 보여준다. 수단은 목적으로 변하고, 목적은 다음에 오는 새로운 상황 속에서 역할이 바뀌어 수단으로 기능한다.

그림을 보면, 수단1이 목적1로 변하고, 다음 상황에서는 목적1이 수단2가 된다. 수단2는 목적2로 변하고 그 다음 상황에서는 수단3이 된다. 이렇게 과정은 끊임없이 계속되고, 경험도 이처럼 선행 경험과 현재 경험의 연속적인 과정을 통해 성장한다.

수단과 목적의 연속적 관계

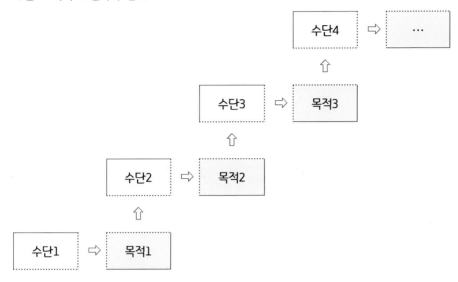

4. 경험의 연속성

　수단과 목적의 연속 과정을 좀 더 쉬운 그림으로 표현하였다. 시간을 단축하기 위해 그림으로 그렸지만, 듀이의 생각은 그림처럼 단순하지 않다는 것을 먼저 말하고 싶다. 듀이의 개념과 설명은 심오하기로도 유명하여 이를 똑떨어지게 표현하는 것은 사실 무리이다. 하지만 우리의 최종 목적은 '제작 교육'을 하는 것이기 때문에 그의 개념을 전문적으로 연구하기보단 최대한 쉽게 이해하는 것이 먼저라 생각한다. 개념을 전반적으로 이해하는 것도 어쩌면 듀이에 대해 심화학습을 하고 싶은 분께는 선행 경험을 형성하는 것일지도 모르겠다. 차근차근 어렵지 않게 하나씩 살피다 보면 나중에는 이를 종합적으로 판단할 수 있을 것이라 생각하며 설명을 이어가겠다.

수단과 목적의 연속 과정

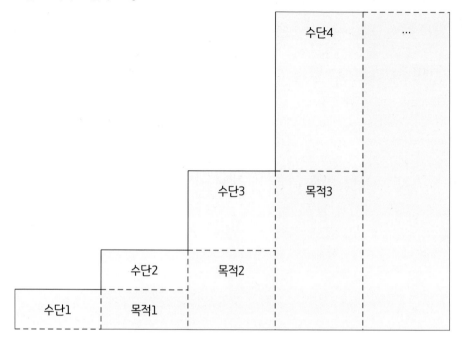

듀이는 경험은 단편적으로 볼 것이 아니라 시간과 공간에 제한 없이 그 것을 뛰어넘은 형태로 생각해야 한다고 한다. 그리고 경험 간의 상호작용에 도 초점을 두어야 한다고 강조하는데, 이는 과거와 현재가 이어지는 것 외에 도 서로 끊임없이, 또 공간의 제약 없이 영향을 주고받기 때문이다. 예를 들 어 보겠다.

학생은 아직 미성숙한 존재이기 때문에 어린 나무줄기 같다. 실제로 듀 이는 새로운 경험을 준비하고 있는 학생을 '미성숙(Immaturity)' 상태라고 했 다. 그에게 미성숙은 일반적으로 생각하는 모자란다는 의미가 아니라 오히 려 '성장 가능성(발전할 능력)'을 가진 상태인 긍정적 의미이다.

나무줄기가 자라려면 물, 공기, 햇빛 등 환경적 요소가 필요하듯이, 미 성숙한 학생도 환경의 도움이 필요하다. 학생에게 영향을 주는 환경 요소는 동료, 교과, 교사 등이 있다. 많은 요소 중에도 학생과 직접 상호작용하며 성장을 돕는 가장 큰 요소는 앞에 언급한 세 가지일 것이다. 그중 교사는 학생의 과거 경험과 흥미를 조사하고, 교육 목표를 달성하기 위해 노력한다.

그림을 보면, 경험 A2를 형성하기 위해 교사는 학생의 선행 경험(A1)으로부터 새로운 경험을 만들어 나가도록 돕는다. 경험 A2가 완성되면 이를 바탕으로 새로운 경험 A3를 만들어 간다.

한 가지 추가로 알아야 할 것은 새로운 경험이 형성될 때 단순히 하나만 생기지 않는다는 것이다. 예를 들어 경험 A1에서 경험 A2가 발생할 때, 경험 A2 외에도 파생되는 여러 경험(A2-1, A2-2, A2-3 등)이 있다. 그림에는 표현을 안 했지만, A1을 수단으로 하는 새로운 경험은 무수히 많다. 하지만 교사는 그 경험 중 학생의 성장에 가장 도움 될 경험을 골라 방향을 결정해야 한다.

그런데 실습하다 보면 가장 알맞다고 생각하여 선택한 경험이 학생에게 적합하지 않을 수도 있다. 그럴 경우 파생된 경험(A2-1, A2-2, A2-3 등) 중 더 적합한 것을 선택하고, 기존의 계획을 수정해 수업에 적용하면 된다. 만

경험의 연속 과정

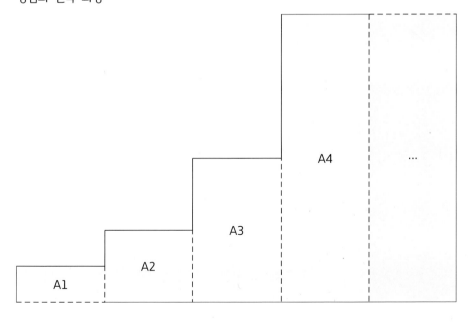

약 예정대로 경험 A2가 가장 적합할 경우, 파생된 경험은 당장에는 큰 영향력은 없을 것이다. 하지만 경시해서는 안 된다. 어떤 경험이든 무의미한 것은 없고 미래의 언젠가 작용할 수 있는 수단이기 때문이다. 학생은 이 수업이 아니더라도, 파생된 경험을 통해 미래에 또 다른 경험을 만들어 갈지도 모른다. 이렇게 연속적인 수단과 목적의 선택 과정으로, 경험 A3, 경험 A4 등이 끊임없이 발생하며 학생은 성장한다.

03

제작에서 교사의 역할

1. '시청자'이자 '제작자'

　　아기들은 어른의 말과 행동을 빠르게 흡수하고 따라 하여 스폰지 같다고도 한다. '유기체'가 '환경'의 영향을 받는다는 내용과 연결되는 예이다. 우리에게 잘 알려진 '맹모삼천지교(孟母三遷之敎)'도 환경의 중요성을 이야기해준다. 이렇게 학습자와 환경의 관계는 일반적으로 많이 알려진 개념인데도 막상 교육 현장에 적용할 때 종종 간과되는 경향이 있다. 너무 잘 알고 있어 당연하게 여길 수 있고, 아니면 규칙처럼 요구되는 사항이 아니라 놓칠 수도 있다. 환경의 중요성에 대해 듀이의 개념을 토대로 한 번 더 점검해보자.

　　앞부분에서 유기체가 가진 조건을 '내적 조건', 외부 환경 요소는 '외적 조건'이라 한 것을 기억할 것이다. 듀이는 외적 조건을 특별히 '객관적 조건 (Objective conditions)'이라 불렀고, 그 주요소로는 '동료', '교과', '교사'가 있다. 각자 어떤 역할을 하는지 그림을 통해 알아보자.

　　그림 가운데에 '유기체'가 있고 그를 둘러싼 세 가지 빛이 보인다. 동영상 제작을 공부한 사람이라면 이 그림이 익숙할 것이다. 촬영 수업에서 배운 기본이면서도 가장 중요한 조명 세팅 방법이다. 세 개의 조명 세팅은 학생과 교실 환경의 관계를 재연하는 좋은 예로, 객관적 조건의 역할을 쉽게 이해할 수 있다.

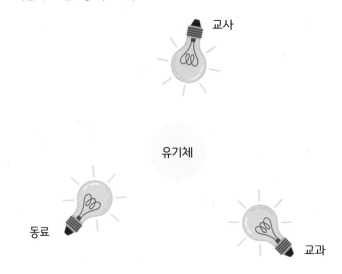

객관적 조건: 동료, 교과, 교사

교사

유기체

동료

교과

　　우선 조명 세팅 내용을 알아야 그 다음을 이해할 수 있으니 하나씩 살펴보자. 세팅 가운데에는 인물이 있고 주변에는 그를 둘러싼 조명 세 개가 있다. 각 조명은 역할이 다른데, 그림에서 왼쪽이 '주 조명(Key light)', 오른쪽이 '보조 조명(Fill light)', 인물의 뒤에 있는 것이 '백 조명(Back light)'이다. 그림에서는 주 조명이 왼쪽에 있지만 항상 왼쪽에 있는 것은 아니고 촬영 상황에 따라서 오른쪽에 있을 수 있다. 보조 조명도 그림에서는 오른쪽에 있지만 왼쪽에도 있을 수 있는데, 핵심은 주 조명의 반대편에 위치하는 것이다. 이러한 조명 세팅을 하는 이유는 장면을 아름답고 자연스럽게 표현할 수 있고, 인물의 표정을 관객에게 잘 전달할 수 있기 때문이다.

　　다시 학습 환경으로 돌아와 생각해 보자. 안정적인 조명처럼 학생을 위해 동료(Key light), 교과(Fill light), 교사(Back light)가 각자의 위치에서 중요한 역할을 한다. 물론 학생이나 학습 내용에 따라 역할의 위치는 바뀔 수 있다. 교과가 주 조명이 되고, 교사가 보조 조명, 동료가 백 조명이 되는 등 위치는 상황에 따라 가변적이다. 하지만 제작 수업에서는 동료와의 상호작용이 중요하고 교과는 이를 뒷받침 해주어, 동료가 주 조명, 교과가 보조 조명의 역할을 하는 경우가 많다. 이때 교사는 직접적인 개입보다 안내자가 되어 백조명의 역할을 담당한다. 추가로 교사는 역할을 하나 더 맡을 수 있는데, 동료 역할을 병행하는 것이다. 특히 1:1 교육의 경우는 팀으로 실습이 이뤄지지 않아 교사는 동료가 되어 제작에 같이 참여하게 된다.

이렇게 두 가지 역할을 동시에 할 때는 주의해야 할 점이 있다. 개입이 지나치면 학생의 주체적인 학습에 역효과가 나고, 제작의 창의적인 면을 방해할 수 있어 세심한 주의가 필요하다. 동등한 '제작자' 입장에서 고민하고 공감하는 노력이 요구되는 것이다. 그리고 다시 교사의 원래 역할인 교육자의 역할로 돌아갔을 때는 객관적인 관점으로 안내할 수 있도록 '시청자'에 가까운 태도를 가져야 한다.

2. '간접 흥미' 유발자

듀이에 따르면 유기체가 환경 속의 어떠한 것에 흥미를 느끼면 둘 사이에 상호작용이 일어난다고 한다. 우리는 '흥미'라 하면 '하고 싶은 즐거운 동기가 생기는 것'이라고 생각하기 쉽다. 하지만 듀이가 보는 흥미는 그 이상이다. 그는 '흥미는 학생과 학습자료(또는 결과) 간의 거리를 없애는 것'이라 하였고, 이를 두 가지 측면으로 나눠 생각했다. 첫 번째는 '직접 흥미(Direct interest)'로 '즉각적(Immediate) 흥미' 또는 '자발적(Voluntary) 흥미'라고도 불린다. 두 번째는 '간접 흥미(Indirect interest)'로 '전이된(Transferred) 흥미'라고도 불린다.

흥미를 두 가지로 나눠 생각하는 것은 생소할 테니 예를 들어 보겠다. 어떤 사람이 TV 요리 프로그램을 보았는데, 음식이 맛있게 보이는 것은 물론 요리사가 근사해 보여 요리를 배우고 싶어졌다고 가정하자. 첫 번째 흥미인 '직접 흥미'가 일어난 것이다. 그 후 이 사람은 많은 연습을 거쳐 그만의 기술을 발전시키게 된다.

실력이 늘자 어떤 재료가 건강에 도움이 되는지 알고 싶었고, 결국 영양소에 대한 궁금증까지 생겼다. 예전 TV 프로그램을 보며 요리를 배우고 싶었던 직접 흥미의 수준을 넘어선 것이다. '요리 실력 향상'과 '영양학 공부' 까지 하고 싶어진 '다음 단계'의 흥미이다. 듀이는 이것을 '간접 흥미'라고 부른다.

듀이는 이렇게 '직접'에서 '간접'으로 이어지는 흥미를 강조하며 '직접'에만 머무르는 경우 진정한 교육이 될 수 없다고 했다. 예를 들어 시각 자료 사용을 지나치게 강조하는 수업이나, 놀면서 배울 수 있다고 주장하는 단순 흥미만 강조한 교육은 바람직하지 않다는 것이다. 자극제처럼 사용된 일시적 흥미를 비판하며 흥미를 단순한 도구로만 여겨서는 안 됨을 거듭 말했다.

사실 제작 교육에서 이 부분이 상당히 중요하다. 동영상 제작이라고 하면 흔히들 '미디어', '크리에이터', '인플루언서'를 떠올리며 재미있다고 느낀다. 물론 친근감 있고 진입장벽이 높지 않다는 긍정적 의미인 것은 알겠지만, 자칫하면 단순 흥미에 멈춰버릴 수 있다. 제작 공부도 다른 분야의 학문과 마찬가지로 인내의 시간이 필요하고 예상하지 못한 육체적, 정신적 고통이 수반되기도 한다. 일시적 호기심에서 멈추지 않도록, '직접 흥미'가 '간접 흥미'로 이어질 수 있도록, 듀이의 '흥미' 개념을 제대로 알고 교사의 역할을 준비해야 한다.

3. '선행 경험' 제공자

지금까지 '선행 경험이 필요한 이유', '경험과 관련된 듀이의 주요 개념', '제작에서 교사의 역할'을 알아보았다. 처음 접하는 단어가 많아 어렵게 느낄 수 있지만, 우리의 궁극적 목적인 '경험 성장'과 관련된 개념을 살펴보았다고 간단하게 생각하면 좋겠다.

사실 제작은 복잡한 구조가 아니다. 3단계(준비-촬영-후반) 작업으로 크게 이뤄지는데, 이 경험을 짧게라도 한번 겪고 나면 듀이가 말한 '일차적 경험'에서 '이차적 경험'으로, '직접 흥미'에서 '간접 흥미'로 연결하는 것이 수월해진다. 그래서 제작 3단계를 미리 겪어보는 것이 중요하지만, 앞에서 언급했듯이, 학생이 어떠한 것을 겪어왔는지 모두 파악하기 어렵고, 시간과 인력도 부족한 문제가 있다. 그리고 교사가 그 선행 경험에 대해 정확하게 알고 있어야 지금의 연습과 연결할 수 있는데, 사실 현실적으로는 선행 경험을 '파악'하는 것보다 교사가 이미 알고 있는 형태로 '제공'하는 것이 수월하고 타당해 보인다. 경험의 성장을 도와 스스로 작품 활동을 이어갈 수 있게 하려면, 선행 경험부터 체계를 갖추는 것이 학생에게도 유익할 것이다.

이를 위해 Chapter 02부터는 선행 경험을 만들 수 있는 실습 방법을 소개할 것이다. 실제 수업에서 사용한 자료와 함께 다양한 예시가 있어 필요한 부분을 골라 사용하면 편리하다. 한 가지 유의할 점은 보편적인 학습 방법과는 순서가 좀 다르다는 것이다. 일반적으로 제작 순서가 '1단계, 2단계, 3단계'로 진행되어 학습도 그 단계를 따르지만, 우리는 '선행 경험'에 초점을 두기 때문에 전체 과정을 먼저 한번 익히고, 그 다음 단계별로 자세히 살펴볼 것이다.

이 방법으로 교사는 수업 전에 미리 공부할 수 있고, 교육 중 예상치 못한 변수에 대비할 수 있을 것이다. 마치 어려운 학습 내용이나 문제를 풀기 전 답안지를 먼저 본 후 학생을 교육하듯이 Chapter 02의 실습이 그러하길 바란다.

PART
02

● ● ●

실전! 선행 경험

♥ 공부 방법 개요

부분에서 전체로 나아가는 방법이 아닌, 전체를 먼저 경험하고 부분으로 자세히 들어가는 방법이다. Chapter 01에서는 선행 경험을 만들기 위해 전체 프로덕션 과정을 통으로 경험한다. Chapter 02에서는 세분화하여 첫 번째(Pre-production)부터 두 번째(Production), 세 번째 (Post-production) 단계까지 차례로 연습한다. Chapter 03은 추가적인 공부로, 프로덕션 과정 중 초보자가 가장 어려워하는 부분인 첫 번째 단계 Pre-production을 한 번 더 살펴본다.

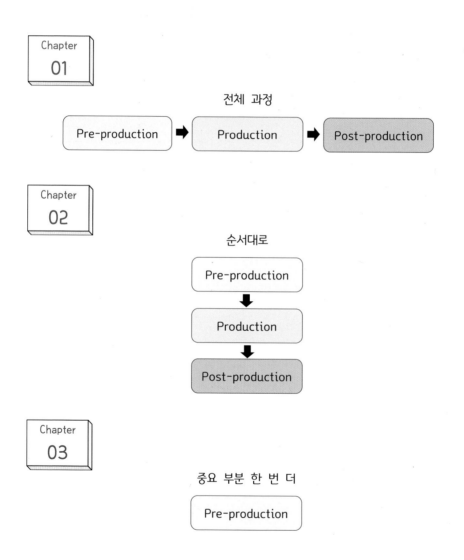

01
제작 3단계 미리 경험하기

feat. 패러디 광고

　　동영상 제작은 Pre – production(준비 작업), Production(주 작업), Post – production(후반 작업)의 세 단계를 거친다.

　　첫 번째 단계인 '프리 프로덕션'은 촬영에 들어가기 앞서 준비하는 모든 과정을 말하고, 기획, 시나리오 작성, 스텝 구성, 콘티(스토리보드), 의상과 소품 준비 등을 포함한다.

　　두 번째 단계인 '프로덕션'은 실제 촬영(녹음 포함) 단계이다. 작품 길이와 내용에 따라 촬영 일수는 달라질 수 있고, 학생 작품 같은 소규모 단편 영화는 보통 이틀에서 나흘 정도 소요된다(시나리오에 따라 더 짧을 수도, 길 수도 있다).

　　마지막 단계인 '포스트 프로덕션'은 촬영한 동영상을 편집하고, 사운드 작업(음악, 효과음, 후시 녹음 등)을 하는 단계이다. 작업 내용이 복잡하고 많을수록 시간이 오래 걸리고, 뜻밖의 변수나 재촬영 등의 우려를 계산해 최대한 여유롭게 잡는 것이 이 단계에서는 유리하다.

　　대체적으로 경험이 있는 학생은 이 세 단계의 과정을 무리 없이 진행하지만, 경험이 부족한 학생은 잘 모르는 용어와 생소한 과정에 어색해한다. 우리는 이러한 문제점을 극복하고자 전체 제작 과정을 먼저 한 바퀴 경험할 것이다. '선행 경험'을 만드는 것이다. 선행 경험이 형성되면 그 다음은 깊이 있는 공부로 이어지도록 한다. 전체적으로 같은 출발선을 만들어 학생 간 경험의 불균형을 맞추고 본격적인 공부로 들어가는 것이다.

선행 경험을 만들기 위해 패러디 광고를 만들어 볼 텐데, 패러디는 대부분 알고 있는 개념이라 경험 없는 학생도 부담 없이 친근하게 시작할 수 있다. 그리고 단편 영화를 만드는 것보다 상대적으로 물리적 시간이 적게 소요되어 연습하기에 수월하고, 원작이 있어 (아무것도 없는) 백지상태에서 어렵게 시작하는 것보다 초보자에게 훨씬 용이하다.

본래 패러디는 풍자와 조롱의 의도가 담긴 것을 의미하지만, 요즘은 그러한 의도 없이 메시지를 전달하는 또 하나의 방법으로 사용되기도 한다. 패러디에 풍자와 조롱을 넣으면 더욱 좋겠지만, 초보자에게는 무리한 연출일 수 있어 제약에 구애받지 않고 자유롭게 표현하길 바란다.

패러디 제작은 선행 경험을 만드는 목적뿐 아니라 또 다른 개념인 '표절'을 비교 공부할 기회이기도 하다. 제작 중에는 의도치 않게 평소 좋아했던 작품을 유사하게 따라 하게 되는 경우도 있기 때문이다. 패러디는 원작을 자신의 새 작품에 드러내는 것이지만, 표절은 원작을 숨기고 자신의 작품을 마치 새로운 것처럼 나타내기 때문에 이 부분을 유념해야 한다.

이제부터 네 가지 방법의 패러디 광고 예를 살펴볼 것이다. '예술작품 패러디', '인물(캐릭터) 패러디', '광고 패러디', '노래 패러디' 방법으로, 예를 통해 원작이 어떻게 패러디 되었는지, 어떤 부분을 집중해서 교육해야 하는지 알아보겠다.

1. 예술작품 패러디

(1) 작품과 메시지의 연관성 체크 | '렉서스(LEXUS)' 자동차

•• 오리지널

예술 작품 패러디는 그림, 사진, 영화, 소설 등을 원작으로 삼는다. 이번 예제는 그림(다섯 점)과 조형 작품(한 점)을 원작으로 한다.

1. 요하네스 베르메르(Johannes Vermeer)의 '진주 귀고리를 한 소녀(Meisje met de parel)'
2. 제프 쿤스(Jeff Koons)의 스테인리스 스틸로 만든 '벌룬독(Balloon Dog)'
3. 피트 몬드리안(Piet Mondrian)의 빨강, 파랑, 노랑 '몬드리안 컴포지션 (Composition)'
4. 빈센트 반 고흐(Vincent van Gogh)의 '해바라기(Les Tournesols)'
5. 조르주 쇠라(Georges Seurat)의 '아스니에르에서의 물놀이(Une baignade à Asnières)'
6. 에드워드 호퍼(Edward Hopper)의 '밤을 지새우는 사람들(Nighthawks)'

•• 결과(패러디 장면)

작가: 요하네스 베르메르
작품: 진주 귀고리를 한 소녀

작가: 빈센트 반 고흐
작품: 해바라기

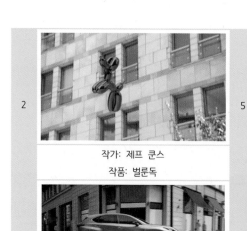

작가: 제프 쿤스
작품: 벌룬독

작가: 조르주 쇠라
작품: 아스니에르에서의 물놀이

작가: 피트 몬드리안
작품: 몬드리안 컴포지션

작가: 에드워드 호퍼
작품: 밤을 지새우는 사람들

•• 패러디 포인트

자동차(주인공)가 지나가는 곳에 인물, 건물, 소품이 보인다. 그런데 어디서 많이 본 것들이다. 다시 보니 세계적으로 유명한 작가, 베르메르, 쿤스, 몬드리안, 고흐, 쇠라, 호퍼의 작품이다.

호텔 앞에서 '진주 귀고리를 한 소녀'가 벨보이에게 트렁크 가방을 건네고, 길을 가던 아이가 하늘로 날아가는 '벌룬독'을 잡으려 하고, 건물의 창문은 '몬드리안 컴포지션'의 색이 칠해져 있다. 상점의 인테리어 소품은 고흐의 '해바라기'이고, 물가의 풍경은 쇠라의 '아스니에르에서의 물놀이'이고, 가게 안에는 호퍼의 '밤을 지새우는 사람들'이 있다.

멋진 작품들과 함께하는 자동차를 보고 있으니, (이 자동차만 있으면) 나의 삶도 예술처럼 변할 것 같은 기분이다.

많이 알려진 유명 작품을 실사로 표현할 때는 어색함이 없어야 한다. 억지로 끼워 맞춘 느낌이 드는 순간, 시청이 부담스러워지고 스토리 파악에도 방해된다. 그리고 되도록 작품을 빨리 알아볼 수 있도록 특징과 색이 두드러진 작품을 택하는 것이 좋다. '진주 귀고리를 한 소녀'와 고흐의 '해바라기' 등 위의 패러디에서 좋은 예를 보여주고 있다. 광고는 짧은 시간에 여러 작품을 보여줘야 하기 때문에 누가 봐도 '아' 할 수 있는 작품이어야지, '패러디 장면이 맞나?', '아닌가?' 하면서 시청자를 갸우뚱하게 하면 메시지 전달력이 떨어진다.

그리고 최대한 시선이 작품에 머무를 수 있도록, 특히 주변으로 분산되지 않게 주의해야 한다. 위의 예제에서 '진주 귀걸이를 한 소녀'를 보여줄 때는 배경을 단순하게 하여 인물에 집중할 수 있게 했다. '몬드리안의 컴포지션'을 보여줄 때는 빨강, 파랑, 노랑의 색이 돋보이게 주변 건물을 모노톤으로 했다. 이렇게 원작에 집중할 수 있도록 구체적인 부분까지 신경쓰는 것이다.

"작품과 메시지의 연관성 체크"

Pre-production

• 스토리에 어울리는 작품을 최대한 많이 모음. 그리고 종류별로 분리하여 그룹으로 묶음
  그룹 1) 인물 중심의 작품(진주 귀걸이를 한 소녀)
  그룹 2) 소품 유형의 작품(벌룬독, 해바라기)
  그룹 3) 전체 화면으로 사용할 수 있는 작품(몬드리안 컴포지션, 아스니에르에서의 물놀이, 밤을 지새우는 사람들)

Production

- 예술 작품을 패러디한 결과물을 시청자에게 보여주는 것도 중요하지만, 가장 중요한 것은 '메시지 전달'임
  - 패러디 작품은 메시지 전달을 도와주는 표현 도구임. 주객전도가 되지 않도록 유의해야 함

Post-production

- 기획 의도와 다르게 편집에서 스토리의 순서가 바뀔 수 있음. 잘못된 것이 아니니 바뀔 가능성을 열어두고 후반 작업을 진행함
  - 예술 작품을 보여주는 순서가 바뀔 수 있음. 더 나은 결과를 위해 처음 계획을 수정할 수 있음
- 위와 같은 경우, 되도록 두 가지 버전(오리지널 버전과 바뀐 버전)으로 만들어 둘을 비교하는 것이 좋음
  - 오리지널: 콘티에 충실한 편집 버전
  - 변형: 편집자의 시선으로 완성된 버전
  - 둘 중 선택: 여러 사람의 피드백과 조언을 구해 최종본을 선택함

(2) 물 흐르듯 이어지는 이미지와 사운드

| '팜 힐스 디벨롭먼트(Palm Hills Developments)'
이집트 부동산 개발 회사

•• 오리지널

유명한 그림 열한 점을 원작으로 한 광고이다. 그리고 그림들과 함께 멕시코 화가 '프리다 칼로'의 모습이 한 장면 추가되었는데, 화가의 특징적인 헤어스타일과 눈썹을 아주 유사하게 재연했다.

1. 데이비드 호크니(David Hockney)의 수영장 시리즈 중 'A Bigger Splash'
2. 데이비드 호크니(David Hockney)의 수영장 시리즈 중 'Portrait of an Artist (Pool with Two Figures)'
3. 패션 디자이너 입생로랑(Yves Saint Laurent)의 '몬드리안 드레스'(몬드리안 드레스의 원작가는 피트 몬드리안(Piet Mondrian)이고, 입생로랑이 그 디자인을 드레스에 적용함)
4. 앙리 루소(Henri Rousseau)의 '꿈(Le Rêve)'
5. 르네 마그리트(René Magritte)의 '사람의 아들(Le fils de l'homme)'
6. 화가 '프리다 칼로(Frida Kahlo)'의 모습
7. 빈센트 반 고흐(Vincent van Gogh)의 '아를의 반 고흐의 방(La Chambre de Van Gogh à Arles)'
8. 폴 고갱(Paul Gauguin)의 '아레아레아(Arearea)'
9. 에두아르 마네(Édouard Manet)의 '폴리 베르제르의 술집(Un bar aux Folies Bergère)'
10. 에드워드 호퍼(Edward Hopper)의 '자동판매기 식당(Automat)'
11. 앤디 워홀(Andy Warhol)의 '캠벨 수프 통조림(Campbell's Soup Cans)'
12. 요하네스 베르메르(Johannes Vermeer)의 '우유를 따르는 여인(De Melkmeid)'

●● 결과(패러디 장면)

1	작가: 데이비드 호크니 작품: 수영장 시리즈	7	작가: 빈센트 반 고흐 작품: 아를의 반 고흐의 방
2	작가: 데이비드 호크니 작품: 수영장 시리즈	8	작가: 폴 고갱 작품: 아레아레아
3	원작가: 피트 몬드리안 드레스 디자인: 입생로랑 작품: 몬드리안 드레스	9	작가: 에두아르 마네 작품: 폴리 베르제르의 술집
4	작가: 앙리 루소 작품: 꿈	10	작가: 에드워드 호퍼 작품: 자동판매기 식당

5 작가: 르네 마그리트
작품: 사람의 아들

6 작가: 프리다 칼로
(작품이 아닌 작가의 초상을 표현)

11 작가: 앤디 워홀
작품: 캠벨 수프 통조림

12 작가: 요하네스 베르메르
작품: 우유를 따르는 여인

•• 패러디 포인트

부동산 개발 회사 '팜 힐스 디벨롭먼트'에서 새로운 주택 단지 '바드야 (Badya)'를 소개하는 광고이다. 예술 작품이 살아 움직이는 것같이 느껴질 정도로 연출력이 뛰어나다. 특히 화면 전환(Transition)에 공을 많이 들인 것을 볼 수 있는데, 앞 장면에서 다음 장면으로 이어짐이 자연스럽다. 기획 단계에서 장면마다 카메라를 어떻게 움직일지 철저히 계획했음을 알 수 있다.

또 다른 특징은 작품 속 장소가 다양하다는 것이다. 호크니의 작품에는 수영장이 있고, 루소와 고갱의 작품에는 자연(나무, 숲)이 있다. 자연 속에 있는 인물을 보고 있으면 마치 휴양림 안에 있는 것 같다. 마그리트와 고흐는 집안 풍경을, 마네와 호퍼는 레스토랑을, 워홀과 베르메르는 부엌을 그렸는데, 이렇게 장소가 두드러진 작품을 선택한 이유는 무엇일까?

광고의 주인공이 누구인지 생각하면 답을 쉽게 알 수 있다. 주인공은

'바드야 주택 단지'이다. 주택 단지는 자신이 가진 장점과 특징을 알려 입주자를 모집하는 것이 목적이다. 마찬가지로 바드야 주택 단지도 이러한 점을 어필한 것인데, 특히 다양한 서비스를 즐길 수 있는 장소가 있음을 알린 것이다. 이를 간접적으로 고급스럽게 나타내려고 위의 작품들을 보여준 것이고, 이곳에 오는 사람은 마치 예술 작품 속 주인공처럼 멋진 삶을 누릴 수 있음을 느끼게 한 것이다.

마지막으로 주목해야 할 점은 사운드다. 아일랜드의 록 밴드 '크랜베리즈(Cranberries)'의 '드림(Dream)'이란 노래이고, 가사는 '꿈 꾸던 삶'을 바라는 내용으로 광고 메시지와 잘 어울린다. 차분한 톤의 노래는 전체 스토리를 이끌어가는 중심 역할을 한다. 이번 광고는 장면이 많고 장소도 다양하여 시청할 때 다소 복잡하게 느껴질 수 있는데, 이를 통일된 사운드로 묶어 분산되지 않고 집중하여 볼 수 있게 했다.

●● 티칭 포인트

이번 예제를 통해 배울 점은 '장소'를 특징적으로 한 원작 선정과 '스토리'를 이끌어가는 노래의 선택이다. 특히 노래 선정이 뛰어난데, 전달 메시지가 가사에 잘 녹아있고 작품의 비주얼과도 잘 어울린다. 듣고 있으면 이야기가 물 흐르듯 자연스럽게 전달되어 (스토리가 있는) 뮤직비디오처럼 느껴지기도 한다.

추가로 배울 점은 작품과 작품 사이의 화면 전환에 세심한 연출을 하여 매끄러운 진행을 보여준 점이다. 문을 열면 새로운 장면이 펼쳐지고, 인물을 따라가면 장소가 바뀌고, 비슷한 소품이나 조명을 사용하여 앞뒤 화면을 연결하는 등 계획 단계에서부터 장면의 이어짐을 계산한 것을 알 수 있다.

마지막으로는 자화상을 많이 그린 멕시코 화가 '프리다 칼로'의 모습을 아주 유사하게 재현한 점이다. 미간 사이가 이어지는 짙은 눈썹과 헤어스타일 등으로 누구인지 바로 알아보게 했는데, 이러한 인물의 구체적인 묘사가 뛰어난 점도 놓치지 말고 배우면 좋겠다.

"물 흐르듯 이어지는 이미지와 사운드"

Pre-production

- 전달 메시지가 녹아 있는 예술 작품을 찾음
- 장소가 중요한 콘텐츠여서 예술 작품을 고를 때도 장소를 고려하여 선택함
- 스토리를 이어갈 수 있는 노래를 찾음
- 뮤직비디오처럼 느낄 수 있게 화면 전환을 고려함
- 앞뒤 화면의 순서를 정하고, 어떤 방법으로 화면을 이어갈지 정리함
  - 인물의 동선을 맞춰 장면을 이음
  - 비슷한 소품을 사용하여 장면을 이음

Production

- 원작의 색감은 모두 다르지만, 이를 새로운 콘텐츠 하나에 모았을 때는 동떨어진 느낌이 들지 않도록 전체 톤과 분위기를 맞춰야 함
- 화면 전환을 고려하여 촬영함
  - 앞 장면에서의 소품의 위치와 크기가 뒤 장면의 소품과 매칭될 수 있도록 촬영함
- 움직임이 많은 촬영이어서, 손으로 들고 찍는 핸드헬드(Handheld)보다 짐벌(Gimbal)이나 슬라이더(Slider)를 사용하는 것이 효과적임
  - 짐벌은 이동 촬영 시 불필요한 움직임과 흔들림을 잡아주어 비교적 안정감 있는 결과를 얻을 수 있음
  - 슬라이더는 일정한 속도를 유지하며 카메라를 움직일 수 있어 고급스러운 느낌을 살려줌

Post-production

- 앞뒤 장면의 순서를 기획 단계에서부터 정했기 때문에, 편집에서 의도적으로 순서를 바꿀 필요는 없음
  - 순서가 바뀌면, 계획한 대로 화면 전환이 이뤄지지 않음
- 노래가 중심축이 되는 편집일 경우 노래에 맞춰 이미지를 편집하는 것이 쉽고, 시간도 단축할 수 있음

- 대부분의 광고는 이미지를 먼저 편집하고 사운드 작업을 하는데, 이번 경우는 사운드에 맞춰 이미지를 편집하는 것이 수월함
- 음악에 가사가 있는 경우 화면 속 인물의 입 모양과 싱크(Sync)를 맞추는 것이 중요함
  - 입 모양이 맞지 않을 경우 완성도가 떨어져 보임
  - 입 모양이 맞지 않으면, 다른 장면(인물이 없는 장면)으로 대체하거나 재촬영을 해야 함

(3) 카메라 앵글과 색감을 원작 그대로

| '심리스(seamless)' 배달 서비스

•• 오리지널

원작은 1932년에 찍은 사진으로 제목은 '마천루에서의 점심 식사(Lunch atop a Skyscraper)'이다. '고층에서의 점심 식사'라고도 불리는 이 작품은 미국 뉴욕 RCA건물 69층에서 찍은 것이다. 고층 빌딩 건축 진흥을 위한 목적으로 촬영했지만, 그 후에는 당시 노동의 의미와 삶에 대해 생각하게 하는 사진으로 유명해졌다. 누가 찍었는지 오랜 기간 밝혀지지 않다가 작가의 가족이 증거(신문 기사, 촬영 청구서 등)를 제공하여 2003년에 찰스 C. 에베츠(Charles C. Ebbets)가 촬영했음이 알려졌다.

•• 결과(패러디 장면)

•• 패러디 포인트

심리스(seamless)는 미국 뉴욕에 본사를 둔 음식 배달 서비스 업체이다. 1999년에 사업을 시작했고, 웹사이트와 모바일 앱을 통해 서비스를 제공하고 있다. 이번 광고는 뉴욕 사람을 타깃으로 하여 뉴욕 하면 떠오르는 유명 사진을 이용해 패러디물을 만들었다.

원작 사진은 고층 빌딩에서 찍은 것으로, 광고가 전달하려는 메시지인 '배달하기 어려운 곳도 무리 없이 배달할 수 있다'를 잘 보여준다. 원작이 가진 특징을 장점으로 살린 것이다.

하나 더 추가한 점은 '자전거'로 배달하는 부분이다. 뉴욕은 교통체증이 심해 자동차로 배달하면 시간을 정확하게 맞추기 어렵다고 한다. 그래서 자전거로 배달하는 점을 광고에 포함하여 심리스는 시간을 잘 지키는 것을 강조했다. 배달하기 어려운 곳, 상식적으로 배달이 안 될 것 같은 곳도 심리스는 자전거로 거뜬히 배달할 수 있음을 보여준다. 그리고 '고층의 자전거' 설정은 장면을 흥미롭게 만드는 시각 요소로, 보는 즐거움도 있다.

•• 티칭 포인트

"카메라 앵글과 색감을 원작 그대로"

Pre-production

- 원작은 스틸 컷 한 장이지만, 패러디물 동영상에서는 장면을 여러 개 사용할 수 있음
  - 전체 인물이 나온 롱 숏(LS, Long Shot), 대화하는 사람의 미디엄 숏(MS, Medium Shot) 등 화면 사이즈와 각도에 따라 장면이 늘어남
- 원작의 느낌을 가장 잘 살린 장면이 있어야 함

- 웬만하면 이를 초반에 사용해야 시청자가 원작을 인식하는 데 효과적임
  예) 사진 '마천루에서의 점심 식사' 패러디 장면이 가장 먼저 등장함
- 대사가 있을 경우 짧은 시간에 소화할 수 있도록 언어를 간결하게 정리함
- 주인공 외의 다른 인물이 나와야 할 경우, 각 인물에게 어떤 행동과 표정을 지어야 하는지 연기 지도를 함
  - 대부분 아마추어 촬영에서는 준비 시간이 부족하다는 이유로 주요 인물이 아니면 액션 디렉션(Direction)을 구체적으로 주지 않는데, 이럴 경우 배우가 제작자의 의도를 파악하지 못하고 방향성이 다른 연기를 할 수 있음
  - 연출의 디렉션이 구체적이지 않으면 제작자의 예상과 다른 결과가 나올 수 있음

Production

- 원작의 색감과 분위기를 맞춰야 함
  - '마천루에서의 점심 식사'는 원작이 흑백이어서 이를 살리기 위해 흑백으로 만듦
  - 고층의 느낌을 살리기 위해 인물은 세트에서 촬영하고 배경은 고층인 것처럼 합성 처리함
- 결과물이 흑백일 경우, 인물이 입고 있는 의상의 명암에 신경써야 함
  - 어둡고 밝음으로 의상이 표현되기 때문에, 배우들이 다른 색의 옷을 입고 있어도 어두우면 비슷하게 보여 모두 똑같이 어둡게 보임. 밝음과 어두움의 의상 조화를 체크해야 함
- 원작 느낌을 살린 장면은 최대한 원작과 유사한 앵글을 사용함
  - 원작 사진 '마천루에서의 점심 식사'는 살짝 위쪽에서 아래로 향하는 앵글이고, 정면이 아닌 오른쪽으로 비스듬한 방향에서 촬영하여 패러디물도 그렇게 촬영함
- 대화가 있을 경우 대화별로 카메라의 위치와 앵글을 구체적으로 정함
  - 정면에서 투 숏(Two Shot)으로 둘의 대화를 촬영함
  - 대화 신에 OTS(Over The Shoulder) 장면도 함께 촬영함
    (OTS는 두 사람이 마주 볼 때, 상대방의 어깨 너머로 촬영한다는 뜻임)
  - 표정이 중요할 경우 얼굴을 가까이 찍는 클로즈업(CU, Close Up)으로 촬영함
  - 입, 눈 등 특정 부위를 강조할 때는 초근접(ECU, Extreme Close Up)으로 촬영함

Post-production

- 앞뒤 장면의 이어짐을 뜻하는 '콘티뉴이티(Continuity)'를 주의해야 함
  - 인물의 대사, 동작, 소품의 움직임 등이 화면 사이즈나 앵글이 바뀌어도 자연스럽게 이어지도록 해야 함
  - 이어지지 않을 경우 화면 오류나 점프 컷(Jump cut)처럼 보일 수 있음
- 원본을 흑백으로 촬영하지 않고 컬러로 촬영한 후, 후반 작업에서 흑백으로 처리할 수 있음
  - 이럴 경우 완성본을 컬러와 흑백 두 가지 버전으로 만들어 더 나은 것을 선택할 수 있음

(4) 원작 사운드가 독특할 경우, 패러디물에서도 똑같이
| '몬스터(MONSTER)' 구인 구직 사이트

•• 오리지널

영화 〈킹콩(King Kong)〉(피터 잭슨, 2005)을 원작으로 한 광고이다. 원작은 킹콩이 주인공을 손에 살포시 쥐고 도시를 다니는 장면과 엠파이어 스테이트 빌딩을 오르는 장면으로 유명하다. 패러디물에서도 이러한 주요 장면을 재연하여 원작이 잘 떠오르게 하였다.

•• 결과(패러디 장면)

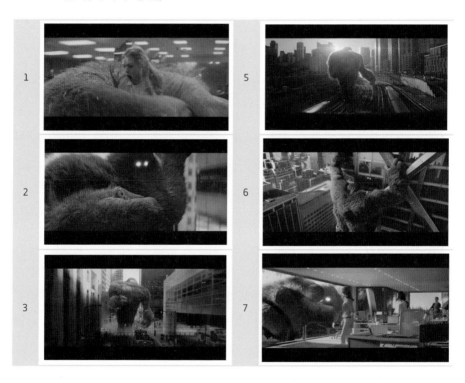

•• 패러디 포인트

'몬스터(MONSTER)' 광고에서는 영화 속 킹콩 대신 브랜드 캐릭터인 퍼플(보라색) 몬스터가 등장한다. 주인공이 회사에서 상사에게 무시당하면서 일하자 몬스터가 건물 창문을 깨고 주인공을 꺼낸다. 그리고 새로운 직장을 구해주기 위해 주인공을 손에 쥐고 도시를 걸어 다닌다. 주인공은 처음에는 비명을 지르고 놀라지만, 차차 몬스터의 생각을 이해하는 듯 편안한 표정으로 바뀐다. 후반부에는 일하기 적합한 직장에 주인공을 안전하게 내려주고, 직장에서 힘들어 하는 또 다른 사람을 구하기 위해 건물에서 그 사람을 꺼내는 장면으로 끝난다.

몬스터가 손에 주인공을 쥐고 있는 장면, 도시를 걸어 다닐 때 사람들이 놀라서 도망가는 모습, 고층 건물을 타고 오르는 행동 등이 영화 '킹콩'을 떠올리기에 충분하다. 여기에 주인공과 사람들의 비명 소리가 더해져 원작의 느낌을 더욱더 살려주었다. 영화 패러디에서는 사운드도 중요한 역할을 하는데, 주요 대사나, 효과음, 음악 등 원작에서 중요하게 다룬 부분을 패러디물에서도 적절하게 사용하면 시청자가 원작을 생각하는 데 도움이 된다.

•• 티칭 포인트

"원작 사운드가 독특할 경우, 패러디물에서도 똑같이"

Pre-production

- 전달하려는 메시지와 연관된 영화를 여러 개 찾음
- 내용, 비주얼(표현 방법) 등 카테고리별로 영화 목록을 정리함
  - '몬스터'처럼 '사람을 구한다'라는 내용과 관련된 영화 그룹을 만듦
  - '몬스터'처럼 비주얼적으로 비슷한 주인공이 등장하는 영화 그룹을 만듦
- 원작으로 삼기에 가장 적합한 영화를 하나 선택함
- 패러디물 내용과 관련된 원작 속 장면들을 캡처 받아 모음
- 캡처한 것 중 시청자가 원작을 잘 떠올릴 수 있는 장면을 간추림
- 간추린 캡처 화면을 참고하여 콘티를 구성함

Production

- 캡처 받은 영화의 원작 장면과 비슷한 앵글, 화면 사이즈에서 크게 벗어나지 않도록 촬영함
- 주인공의 모습이 바뀌고 전체적인 색감이나 분위기가 바뀌어도 원작이 떠오를 수 있게, 인물(사물)의 위치와 움직임을 최대한 원작처럼 연출함
- 비주얼뿐 아니라 사운드도 원작에 맞춤
  - 비명 소리 등은 후시 녹음하여 후반 작업에서 입힐 수 있음
  - 대사의 경우 동시 녹음하는 것이 초보자에게 유리함. 입 모양에 맞춰 다시 녹음하는 후시 녹음은 프로들에게도 쉽지 않은 작업임

Post-production

- '몬스터' 광고는 CG(Computer Graphics)를 사용한 경우라 후반 작업의 중요성이 크지만, 저예산이나 초보 촬영의 경우 예산이 많이 필요한 CG 사용은 불가능함. 되도록

실사 촬영으로 진행하는 것이 유리함

- 서투른 CG보다는 실사 위주로 표현하는 것이 완성도를 높이는 데 유리함
- 원작에 기초한 촬영이기 때문에 편집도 여기에 맞추는 것이 기본이지만, 너무 원작 흐름에만 맞추면 장면 보여주기식으로 끝날 수 있음
  - 새로운 패러디물도 또 하나의 작품이라 생각하고, 패러디물 그 자체로 흥미로울 수 있도록 편집해 보는 것도 좋음

2. 인물(캐릭터) 패러디

(1) 인물의 외모, 표정, 행동을 흡사하게 | '돼지바' 아이스크림

•• 오리지널

2002년 한일 월드컵, 대한민국과 이탈리아 16강 경기의 주심이었던 '비론 모레노(Byron Moreno)' 인물을 패러디한 광고이다. 경기중 레드카드를 들어 올릴 때 선수들이 아무리 항의해도 흔들리지 않는 특유의 표정으로 유명해진 심판이다. 레드카드 장면은 개그나 예능 프로그램에서 종종 패러디되어 지금까지도 많은 사람이 기억하고 있다.

•• 결과(패러디 장면)

• • 패러디 포인트

2002년 대한민국과 이탈리아의 경기를 생각나게 하는 장면으로, 선수들의 대립 구도와 유니폼을 보면 바로 알 수 있게 연출하였다. 경기중 선수끼리 부딪혀 넘어졌는데, 분위기가 어쩐 다툴 것 같은 느낌이다. 심판이 달려가자 다른 선수들까지 합류하여 강하게 항의한다. 안되겠다 싶은지 심판은 고개를 가로저으며 카드를 꺼내려고 한다. 하지만 주머니에서 나온 것은 카드가 아닌 돼지바 아이스크림이다. 배우는 모레노 심판이 연상되도록 눈을 부릅뜬 채 경직된 표정을 하며 돼지바를 먹는다. 월드컵 열정이 대단했던 시기의 사건이고, 유명 인물을 흥미롭게 패러디하여 온라인에서도 화제가 되었던 (인기) 광고이다.

• • 티칭 포인트

"인물의 외모, 표정, 행동을 흡사하게"

Pre-production

• 전달 메시지와 관련된 유명 인물을 찾아봄
  - 되도록 특별 팬층이 있는 인물이 아닌, 대중적으로 알려진 인물을 선택함

- 많은 사람이 아는 인물일수록 유리함
- 추억(예전)의 인물보다 근래의 인물이 시청자가 바로 생각하기에 좋음
  (세종대왕이나 이순신 장군같이 시대와 관계없이 모두가 알고 있는 인물은 예외임)
- 인물이 선택되면 특징적인 면을 조사함
  예) 표정, 특유의 제스처, 말버릇, 패션, 헤어스타일 등
- 인물을 자연스럽게 등장시킬 상황이나 스토리를 만듦
  - 실제 그 인물이 참여했던 사건일수록 유리함

Production

- 인물의 인상착의 등 비주얼 면에 세심한 연출이 필요함
  - 옷차림, 헤어스타일링, 메이크업 등
- 인물 특유의 행동, 말버릇 등 연기력 또한 요구됨
- 인물이 처한 상황을 되도록 재연에 가깝게 연출해야 이해하기 쉬움
  - 비슷한 장소, 인테리어, 전체적인 색감 등에 신경을 씀
- 인물이 참여했던 사건의 사진이나 동영상이 있다면 그 장면에 가까운 카메라 앵글과 움직임으로 촬영함
  - 모레노 심판을 패러디한 광고는 실제 경기와 비슷한 장면을 만듦

Post-production

- 인물의 코믹한 면만 강조하지 않도록 유의함
  - 패러디는 풍자나 즐거움을 주기도 하지만, 인물 패러디에서는 정도가 지나치면 코믹물처럼 보여 본래의 메시지 전달력을 잃을 수 있음

(2) 인물을 어필해주는 장소 선택 | '캐딜락(Cadillac)' 자동차

•• 오리지널

영화 〈가위손(Edward Scissorhands)〉(팀 버튼, 1990)의 주인공, '에드워드(Edward)'를 패러디한 광고이다. 영화이기 때문에 예술작품 패러디로 구분할 수 있지만, 에드워드란 캐릭터가 중심이어서 인물(캐릭터) 패러디로 구분하였다.

에드워드는 한 발명가에 의해 개발된 인간의 모습을 한 기계다. 처음부터 가위손 형태로 만들려고 시작한 것은 아니었다. 기계를 만들 때 마지막 단계에서 사람 손을 장착해야 하는데, 발명가가 사망하여 안타깝게도 에드워드는 손을 달지 못했다. 슬픈 운명이지만 가위손의 모습으로 살아가야 했다. 하지만 슬픈 삶이 아닌 주변을 도우며 보람차게 살아가는데, 가위손으로 이웃 주민들의 머리와 정원을 예쁘게 손질해 주고, 얼음을 조각하여 멋진 작품을 만드는 등 사람들과 어울려 아름답게 지낸다. 팀 버튼 감독은 이러한 모습을 흥미로우면서도 감각적으로 표현하여 영화 '가위손'은 많은 관객에게 센세이셔널한 자극과 감동을 안겨주었다.

•• 결과(패러디 장면)

•• 패러디 포인트

검은 웨이브 머리와 의상, 얼굴의 상처들, 큰 가위를 장착하고 있는 손을 보면 한순간에 영화 '가위손'의 주인공이 떠오른다. 비주얼이 워낙 독특하여 비슷하게만 꾸며도 한 번에 알아볼 수 있어 캐릭터 표현이 수월하다. 하지만 특징이 뚜렷할수록 어설픈 표현은 작품의 질적 수준에 영향을 미친다는 점도 기억해야 한다.

광고가 전달하려는 메시지는 캐딜락 전기차의 '핸즈프리 수퍼 크루즈(Hands-free Super Cruise)' 기능이다. '손을 사용하지 않아도 된다'는 점이 가위손 주인공과 잘 연결된다. 최종 메시지는 클라이맥스로 강하게 전달하기 위해 후반에 보여주고, 초반과 중반에는 마지막 메시지를 공감시키기 위한 장면을 나열한다. 사람 손이 아닌 가위손이어서 겪는 좋은 점과 불편한 점을 보여주는 것이다.

처음에는 과일 껍질을 쉽게 까며 가위손이어서 편하고 좋다라는 인식을 하게 한다. 그러나 (버스 하차를 알릴 때 당기는) 줄(line)을 끊어트리고, 친구가 던진 공을 잡다가 터트리는 등 불편함과 소외감이 드는 안 좋은 일이 일어난다. 시청자의 안타까움이 깊어질 때쯤 최종적으로 전달하고 싶은 메시지를 드러낸다. 이렇게 단점이 많은 가위손도 운전만큼은 구애받지 않고 편하게 할 수 있음을 보여주는 것이다.

●● 티칭 포인트

캐릭터 패러디는 나만 좋아하는 캐릭터가 아니어야 함은 물론이고, 첫 등장부터 눈치챌 정도로 인지도 높은 인물을 사용해야 한다. 시청자가 모를까 봐 구구절절 설명하는 순간 전달력이 떨어진다.

그리고 캐릭터를 사용하려면 자세한 분석이 앞서야 한다. 인물이 상황 속에서 앞으로의 일을 어떻게 해결(진행)할지 예상해보고, 사건도 여러 가지를 만든 후 가장 캐릭터와 연관성 높은 것으로 선택한다.

"인물을 어필해주는 장소 선택"

Pre-production

- 캐릭터가 보여줄 수 있는 장단점을 상황에 녹여서 표현함
  - 캐딜락 광고의 경우 가위로 할 수 있는 상황들을 나열함
    예) 과일 껍질 까기, 줄 끊어트리기, 공 터트리기 등
- 캐릭터의 비주얼 특징을 세심하게 살려줌
  - 검은 웨이브 머리, 의상, 얼굴의 상처, 가위 달린 손 등
- 시청자가 상황을 빠르게 파악할 수 있도록 상황별 장소 선정에 주의를 기울임

- 캐딜락 광고의 경우 집, 버스 안, 강의실, 농구 코트, 버스 정류장 등 여러 장소에서 촬영함. 각 장소의 특징이 뚜렷하여 한눈에 어디인지, 어떤 일이 일어나는지 파악 가능함

Production

- 장소가 가진 특징을 잘 보여주는 각도에서 촬영함
  - 강의실의 경우 교탁과 보드(Board)가 나오게 촬영함
  - 클로즈업이나 미디엄 숏 등 사이즈가 작은 화면보다 배경이 나오는 풀 숏으로 촬영해야 장소를 파악하기 쉬움
- 실내외를 오가며 장소를 여러 번 바꿀 때는 모든 장면의 색감이 통일감 있는지 체크해야 함
  - 오후 실외에서 촬영하는 경우 빛의 양이 많고, 어두운 실내는 그 반대가 되고, 장소에 따라 인테리어 색이 달라짐
  - 색감이 다를 경우 어지러워 보일 수 있고, 이질감이 들 수 있음
  - 특별한 이유나 의도가 없다면 전체적인 색감과 분위기를 맞추는 것이 중요함

Post-production

- 콘티에 맞춰 편집하더라도 전체적으로 봤을 때 상황별 순서가 잘 어우러지는지 확인해야 함
  - 콘티에서는 순서가 자연스러웠더라도, 편집에서 사운드와 함께 붙였을 때 느낌이 다를 수 있음
- 여러 장면이 비슷한 패턴으로 반복되면 지루할 수 있음. 장면마다 편집 시간 조절이 필요함
  - 장면마다 5초 간격으로 일정하게 보여주는 것보다, 짧게 지나가도 괜찮은 장면은 3초, 조금 더 자세히 볼 장면은 7초 등 시간을 조절함

3. 광고 패러디

(1) 내레이션도 원작과 같은 톤으로 | '왕뚜껑' 라면 (2013)

•• 오리지널

광고를 광고로 패러디한 예이다. 원작은 2013년 출시된 '베가 아이언' 휴대폰 광고이고, 패러디물은 '왕뚜껑' 라면 광고이다. 광고를 광고로 만드는 것은 수업에서 가장 많이 사용하는 방법으로, 이미 광고라는 포맷을 잘 갖춘 원작이 있어 초보자가 부담 없이 접근할 수 있다.

•• 결과(패러디 장면)

●∙ 패러디 포인트

(테두리가) 메탈인 휴대폰 광고가 흥행하자, 팔도에서는 새 뚜껑을 알리기 위해 그 휴대폰 광고를 패러디했다. 원작의 특징적인 장면과 카피 문구를 왕뚜껑에 접목하여 재미있는 결과물을 만들었다. 모델과 제품만 바꾸고, 분위기, 색감, 음악, 내레이션 톤 등을 원작 그대로 재연한 점이 패러디의 포인트다.

"내레이션도 원작과 같은 톤으로"

Pre-production

- 원작의 분위기, 색감 등의 특징이 새로운 제품에 잘 어울리는지 확인해야 함
  - 억지스럽게 느껴지지 않도록 주의함
- 원작이 많이 알려져 있을수록 패러디 효과가 큼
  - 시청자가 익숙한 장면이어서 패러디물을 접할 때도 친근감이 생기고 공감하기 쉬워짐
- 원작을 캡처하면 새로운 작품의 콘티를 구성하는 데 수월함
- 제품 유형에 따라 다르겠지만, 패러디물에 유머를 첨가하면 시청자의 주목도를 높일 수 있음
  - 시청자는 이미 원작을 광고 형태로 접했기 때문에, 이를 패러디한 작품에서는 무언가가 향상되어야 새롭게 느껴지고 흥미로울 수 있음

Production

- 원작 장면의 색감, 사이즈, 카메라 위치 등을 최대한 따르는 것이 유리함
  - 시청자에게 익숙한 비주얼로 접근해야 친근감 형성이 쉽고, 원작을 상기하는 데에도 도움이 됨

Post-production

- 광고 패러디는 장면의 순서, 노래 등이 원본과 거의 흡사하여 다른 패러디보다 후반 작업이 수월함
- 내레이션이 있다면 원작의 목소리와 같은 느낌으로 연습하고, 녹음할 때 여러 테이크 (Take, 시도)를 저장해 둠
  - 광고는 동시 녹음보다 후시 녹음을 주로 하는데, 초보자는 후시 녹음이 익숙하지 않아 같은 문장이라도 테이크를 여러 개 해두는 것이 유리함(선택권이 많아짐)

- 녹음 작업 후엔 반드시 이미지를 붙여 확인해야 함
  - 녹음된 사운드로만 들었을 때랑 편집에서 이미지에 붙여 들을 때랑 느낌이 다를 수 있음

(2) 원작의 카피 문구와 유사하게 적는 센스 | '왕뚜껑' 라면 (2004)

•• 오리지널

2013년 '베가 아이언' 광고를 패러디한 왕뚜껑은 (휴대폰 광고를 패러디한 게) 그때가 처음이 아니었다. 2004년 '스카이폰' 광고를 패러디하여 큰 반응을 얻은 사례가 이미 있었다. 이번 원작은 그 스카이폰 광고이다.

●● 결과(패러디 장면)

•• 패러디 포인트

　이번 예제는 장소, 벽화, 의상, 춤 등 비주얼 측면도 중요하지만, 한 가
지 더 집중할 것은 '음악'이다. 원작에서 사용된 배경음악은 미국 가수 '메리

제이 블라이즈(Mary J. Blige)'의 '패밀리 어페어(Family Affair)'로 당시 유행했던 노래이고, 광고에서 보여주는 클럽 분위기에 잘 어울리는 곡이다. 패러디물도 이 음악을 사용하였고, 원곡 그대로가 아닌 편곡과 개사를 하였다.

패러디물에서는 배우의 코믹 연기도 독특한데, 엉거주춤한 춤 동작, 넘어질 것 같은 행동 등 원작의 멋진 느낌을 패러디에서는 재미로 풀어낸 점이 매력적이다. 그리고 배경 인테리어도 세심하게 신경 썼다. 후반에 벽화를 보면 원작에서는 무표정의 안경 쓴 사람이 나오는데, 패러디에서는 웃으면서 라면을 먹는 사람으로 바뀌었다. 배경에도 코믹 요소를 넣은 것이다.

마지막으로 카피의 변형이다. 원작에서는 'It's different'라고 적혀있던 문구가 패러디에서는 단어 하나만 바꿔 'It's delicious'가 되었다. 간단한 작업이지만 패러디물의 내용과 잘 어울리게 표현한 제작자의 센스가 돋보인다.

•• 티칭 포인트

"원작의 카피 문구와 유사하게 적는 센스"

Pre-production

- 원작의 배경음악을 편곡한 후, 전달하고 싶은 메시지를 가사에 넣어 노래로 만듦
  - '왕뚜껑' 광고의 노래 가사 마지막에 '함께하면 더 맛있어~'를 넣음
- 원작의 카피 문구에 큰 변형을 주지 않고 패러디물의 카피를 만들 수 있으면 표현에 효과적임
  - '왕뚜껑' 광고에서 원작의 'It's different'를 'It's delicious'로 바꿈
  - 똑같은 'd'로 시작하고 알파벳 수가 비슷한 단어를 선택함
  - 이러한 방법은 생각하는데 시간이 오래 걸리고 어렵지만 창의적인 발상에 도움이 되는 연습이므로 기회가 있을 때 도전해 보는 것이 좋음
- 배우 연기에 코믹요소를 섞는 것도 패러디물에 흥미를 추가하는 방법임
  - 광고 패러디는 원작이 광고이고 많은 부분을 그대로 가져왔기 때문에, 복사하여 단순 붙여넣기 한 느낌이 들 수 있음
  - 유머 같은 또 다른 요소를 추가하면 단조로움을 피할 수 있음

Production

- 원작의 비주얼이 독특할 경우 패러디에서도 그 분위기를 느낄 수 있어야 함
  - '왕뚜껑' 패러디의 경우 장소, 인테리어, 인물의 의상 스타일과 색 등이 원작과 거의 흡사함
- 비주얼 면에도 유머러스함을 추가할 수 있음
  - '왕뚜껑' 패러디의 경우, 벽화에 웃으며 라면 먹는 사람을 추가함
  - 여자 주인공 티셔츠에 귀여운 캐릭터를 넣어 코믹함을 더해 줌

Post-production

- 2013년 '베가 아이언'을 패러디한 방법과 대부분 유사함. 한 가지 추가할 점은 춤추는 인물의 동선(움직이는 방향)을 꼼꼼하게 확인해야 함
  - 화면 왼쪽에서 오른쪽으로 움직였는지, 오른쪽에서 왼쪽으로 움직였는지, 인물이 오른쪽으로 턴(Turn)했는지, 왼쪽으로 턴했는지 등 원작과 비교해가며 확인함
  - 원작과 동작이 모두 똑같아야 할 이유는 없지만, 되도록 맞추는 게 원작을 연상하는 데 도움이 됨

(3) 세트 구성, 소품만 봐도 원작이 연상되게 | '지크(ZIC)' 엔진오일

•• 오리지널

화장품 브랜드 SK2의 '피테라 에센스' 광고이다. 두 유명 배우(김희애, 탕웨이)가 스토리를 이끌어가는 게 특징이고, 외국 배우(탕웨이)는 영어로 말한다. 배우의 대사를 적은 자막이 화면 중앙 아래에 위치하고, 영어 대사는 번역하여 전달했다.

● ● 결과(패러디 장면)

    희극인이 패러디하여 표정 연기와 동작이 코믹하다. 대사를 재미있게 전달했는데, 최대한 원작 느낌을 살리려고 필요한 용어만 바꾸고 성대모사처럼 말투를 그대로 따라 했다. 전체적으로 인물만 바뀐 느낌이 들 정도로 장소, 인테리어, 소품 등을 흡사하게 연출해 원작 분위기를 유지하는 데 노력했다.

•• 패러디 포인트

이번 예제는 제품의 특성을 설명하는 대사뿐 아니라, 원작의 인물도 패러디한 경우이다. 희극인이 등장하여 유쾌한 느낌이 돋보이는데, 학생이나 저예산 아마추어 작품에서는 전문 희극 배우 섭외가 어려울 것이다. 그러면 이번 예제처럼 코믹한 느낌을 제대로 살리지 못할 수 있으니 소화하기 어려운 과도한 시도(코믹하게 하려는 시도)는 피하는 것이 좋다. 대신 대사, 말투 등에 신경을 써 원작을 떠오르게 하고, 그 외 요소인 배경, 소품, 인테리어에 더욱 집중하도록 한다.

"세트 구성, 소품만 봐도 원작이 연상되게"

Pre-production

- 원작의 대사를 패러디물에서 비슷하게 사용할 수 있도록 원작 대사를 분석함
  - 어떤 단어를 살릴지, 바꿔야 한다면 어떤 단어로 바꿀지, 바꿔도 어색함이 없는지, 바꾸면 시청자가 원작의 대사를 떠올릴 수 있는지 등을 검토함
- 연기를 코믹하게 이끌어 갈 경우, 전체적인 완성도에 문제가 없는지 연기자와 사전 검토함
- 원작과 비슷한 장소를 찾고, 인테리어와 소품도 원작에 맞춰 준비하는 것이 중요함

Production

- 원작의 화면 사이즈, 카메라 방향과 최대한 비슷하게 촬영함
  - SK2 광고의 경우 배우의 표정과 동작이 돋보이도록 미디엄 숏이나 클로즈업을 자주 사용함
  - 이러한 촬영을 패러디에서도 동일하게 하여 원작과 비슷한 느낌을 전달함
- 원작에서 슬로모션이나 빠르게 감기 등 재생 속도에 변화가 있다면, 패러디물도 이 부분을 고려하여 촬영함
  - 화장품 광고의 경우 뷰티(아름다움)가 강조되는 품목이라 배우의 얼굴을 잡을 때 슬로모션이 사용되는데, 패러디물에서도 그대로 따라줘야 원작의 느낌을 유지할 수 있음
- 원작에 바람이나 안개처럼 부가적인 연출이 있는지 확인하고, 가능하다면 패러디물에서도 이를 보여줌
  - SK2 광고의 경우 배우의 클로즈업 숏에서 머리카락이 산들바람에 날리는 것처럼 흔들림. 패러디물에서도 동일하게 표현함

Post-production

- 원작의 대사를 패러디물에서 비슷하게 하더라도, 사용하는 단어가 달라 패러디물에서는 문장이 길어지거나 줄어들 수 있음
  - 이로 인해 원작과 같은 화면이지만 장면을 보여줘야 하는 시간이 길어지거나 줄어들 수 있음
  - 꼭 원작의 길이에 맞춰 이미지를 편집하지 않아도 됨
  - 융통성을 갖고 편집하되 원작 느낌을 벗어나지 않는 것이 중요함
- 전체적인 느낌이 잘 유지된다면 컷의 순서가 원작과 살짝 달라도 됨
  - '지크엔진오일' 광고의 경우 후반부에 원작과 달리 몇 개의 컷 순서가 바뀌고 새로 추가됐음
  - 하지만 전반적으로 원작의 틀을 벗어나지 않아 패러디물로 이해하는 데 문제없음

4. 노래 패러디

(1) 노래 가사가 곧 카피 문구 | 구몬학습

•• 오리지널

노래를 패러디한 예제이다. 원작은 유명 배우가 노래를 불러 화제가 되었던 '미녀는 석류를 좋아해' 음료 광고이다. 멜로디가 어렵지 않아 쉽게 따라 부를 수 있고, 예능 프로그램에서도 종종 등장할 만큼 인기 있는 노래였다.

•• 결과(패러디 장면)

원작의 노래를 신나는 분위기로 편곡하여 학습지 광고로 만들었다. '애들은 구몬을 좋아해'라는 가사를 중심으로 메시지를 노래를 통해 전달한다. 노래뿐 아니라 이미지로도 비슷한 점이 있는데, 노래를 부르는 인물 주변에 다수의 사람을 배치한 것이다. 노래 패러디이지만 비주얼 면도 함께 고려해 원작의 느낌을 잘 전달했다.

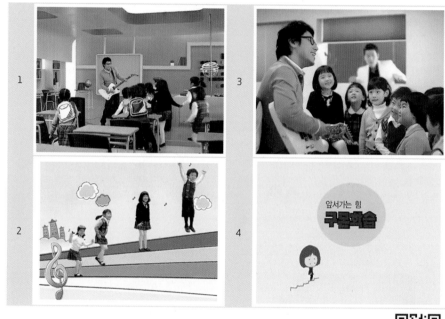

•• 패러디 포인트

광고에 삽입되어 유명해진 노래를 다른 광고에서 사용할 경우 가사 작업이 중요하다. 익숙한 리듬이고, 노래 패러디라는 것을 시청자가 인식하고 있어 가사에 대한 기대감이 생기기 때문이다. 그리고 노래로 진행되는 광고는 가사가 '카피 문구' 역할을 하여 메시지를 노래에 녹일 중요한 기회이기도 하다.

패러디물 가사 작업의 포인트는 원곡 가사의 음절 개수와 같게 하는 것이다. 예를 들어 원곡 가사가 9개 음절(미녀는 석류를 좋아해)로 이뤄졌으면, 거기에 맞춰 9개(애들은 구몬을 좋아해)로 만든다. 처음엔 까다로워 보이지만 작업을 하다 보면, 정해진 음절 수가 가이드 역할을 하여 오히려 편하게 느껴진다. 음절 개수에 맞춘 단어를 찾아 음에 맞춰 적으면, 초보자도 어렵지 않게 작업할 수 있다.

●・ 티칭 포인트

"노래 가사가 곧 카피 문구"

Pre-production

- 음악 초반만 들어도 시청자가 알 수 있는 곡이 유리함
  - 시작부터 패러디물임을 알 수 있는 곡이 중간쯤 알게 되는 곡 보다 시청자의 주목도를 높일 수 있음
- 새로운 패러디물에서 원곡을 어떻게 편곡할지를 결정함
  - 원곡을 그대로 사용해도 무방하지만, 패러디물의 제품(서비스) 특성에 맞춰 음악을 편곡하는 것이 작품 완성도를 높여줌
- 학생(아마추어) 작품에서는 전문적인 편곡 작업이 어려움. 하지만 속도 조절(빠르거나 느리게 부름)이나 목소리 톤의 조절로 변화를 줄 수 있음
- 원곡 가사의 음절에 맞게 새로운 노래 가사를 작성함
  - 개수가 정해져 있어 단어 선택의 제약이 있을 수 있지만, 비전문가에게는 이 부분이 가이드라인이 되어 작업이 수월해질 수 있음
  - 음절의 개수에 맞게 단어를 검색하고 그중 가장 적합한 단어를 선택함

Production

- 노래를 부르고 녹음하는 작업이 중요함
  - 가수처럼 부르지 않아도 되지만, 가사 전달력은 정확해야 시청에 방해가 없음
  - 혹시 모를 우려(시청자가 가사를 잘 못 들을 경우)를 대비해 가사를 화면에 적는

것도 방법이나, 가사 자막이 전체적인 이미지에 어울리지 않을 수 있음
  - 시험적으로 가사가 있는 화면을 만들어 본 후, 자막의 유무를 결정함
• 노래가 콘텐츠의 중심이 되어 비주얼은 상대적으로 비중이 낮지만, 원작이 떠오르는 이미지를 함께 구성하면 패러디의 묘미를 더욱 살릴 수 있음
  - '구몬학습' 패러디에서 주인공 주변으로 많은 아이가 모여있는 것은 원작에서 주인공 주변에 많은 사람이 모인 것과 유사함

Post-production

• 노래 중심 콘텐츠일 경우, 노래에 맞춰 이미지를 편집하는 것이 초보자에게 수월할 수 있음
  - 일반적인 광고 편집은 이미지 편집 후 사운드를 입히는데, 노래 패러디는 음악에 맞춰 이미지를 편집하는 방식으로 진행함

02

단계별 제작 방법 자세히 배우기

feat. 월드 광고

Chapter 01에서 패러디 광고를 통해 '선행 경험' 만들기를 연습했다(제작 과정 3단계를 모두 경험해 보는 연습). '프리 프로덕션', '프로덕션', '포스트 프로 덕션'을 한 예제에서 통으로 비교적 어렵지 않게 경험할 수 있었다. 만약 아 무런 기본 자료가 없는 상태에서 갑자기 광고를 만들거나 단편 영화 프로덕 션을 통으로 경험하기는 정말 어려울 것이다. 이렇게 비교해보면 패러디 광 고 실습이 프로덕션 경험에 어느 정도 유용한 학습인지 느껴질 것이다.

Chapter 02에서는 각 과정을 좀 더 자세히 다뤄 구체적인 선행 경험 만 들기를 할 것이다. 그리고 초보자나 1인 미디어 제작자의 경우 인력과 제작 시간이 부족하고, 예산도 넉넉하지 않다. 전문가처럼 숙련된 기술이 있는 것 도 아니다. 우리는 이 점을 극복하려는 방법도 함께 알아볼 것이다.

지금부터 소개될 광고는 뛰어난 전문인력 팀이 오랜 고민 끝에 만든 결 과물로, 흔히 이야기하는 고퀄리티 작품이다. 초보자가 공부하기에 다소 무 리라고 생각할지 모르는데, 솔직히 단시간에 모두 이해한다는 것은 욕심이 다. 하지만 부담가질 필요는 없다. 작품 보는 능력을 키우는 아주 좋은 방법 이고, (학생들에게 미래의 선배가 될) 전문가의 값진 경험을 간접적으로 배울 기 회이기도 하다. 미래 작품활동을 위한 투자이니 차근차근 연습하면 좋겠다.

1. 첫 번째 단계 Pre-production: 캐릭터, 스토리

(1) 초고수가 선택한 상징적 비주얼 | '아우디(Audi)' 자동차

•• 원작

노래 '어릿광대를 보내주오(Send in the Clowns)'와 함께 우스꽝스러운 광대들의 등장으로 광고는 시작한다. 음악은 여유롭게 천천히 흐르지만, 펼쳐지는 광경은 자동차 사고가 날 것 같은 아슬아슬한 순간들이다. 광대들의 부주의로 어처구니없는 일이 일어날 뻔하지만 아우디는 이를 빠르게 감지하고 지혜롭게 피해 간다. 운전 중 마주칠 수 있는 사고를 아우디의 뛰어난 안전 기능으로 막아낼 수 있음을 보여준 것이다.

●● 티칭 포인트

"초고수가 선택한 상징적 비주얼"

레퍼런스 활용 방법

• 캐릭터, 소품, 배경 등 상징적인 비주얼을 사용하여 시나리오를 작성함

- '아우디' 광고의 경우 캐릭터별 상황이 하나씩 모여 전체 스토리를 이룬 작품임
- 아우디에서 사용된 상징적 이미지는 드문드문 등장하는 수준이 아닌 전체 스토리를 이끌어가는 주요소임

예상 문제점

- 아우디처럼 고차원적인 비주얼을 표현하려면, 이를 뒷받침 해줄 기술과 예산이 필요함
- 기획했던 내용이 자신의 여건으로 소화할 수 있는지 먼저 판단해야 함
  - 아이디어와 스토리가 좋은 것과 별개로, 현재 프로덕션이 가진 조건을 파악하는 것도 현실적으로 중요한 부분임
- 물론 판단에는 많은 경험이 뒷받침되어야 하지만, 소품, 의상, 장소 등은 검색을 통해서도 어느 정도 예상할 수 있음
  - 결과물을 만들 수 있을지 없을지 다양하게 생각한 후, 조금이라도 자신감이 없거나 의문이 든다면 경험을 좀 더 쌓은 후 도전하는 것이 좋음

추가 연습 방법

- 저예산으로 만든 전달력 좋은 CG 예제를 검색한 후, 어떤 면이 전달력을 높였는지 학생들과 토의함
  - 'Ads of the World' 사이트에 가면 세계 광고가 모여 있음. 짧은 콘텐츠 속 CG 작업을 다양하게 찾아볼 수 있음
  - 1인 미디어 크리에이터의 CG관련 튜토리얼 중 '저예산용'을 찾아봄
- 캐릭터가 많이 등장하는 영화를 보면서 학생들과 캐릭터를 분석해봄
  예) 어벤져스의 캐릭터들
  - 성격, 외적인 면(헤어스타일, 안경 유무, 주로 입는 의상 스타일 등), 행동 특징, 버릇 등을 분석함
  - 캐릭터가 가진 요소를 자세히 알수록 '아우디' 광고처럼 같은 광대라 하더라도 캐릭터별 상황을 다양하게 설정할 수 있음

(2) 언어 없이 메시지 전달이 가능할까?

| '베이에른 3(BAYERN 3)' 독일 라디오 방송국

•• 원작

월드컵 라디오 중계방송을 알리는 광고이다. 보통 광고보다 짧은 10초여서 임팩트있고 메시지가 강렬하게 전달된다(TV 광고가 보통 15초, 30초임을 볼 때 10초는 비교적 짧은 시간임을 알 수 있다). 등장하는 소품도 심플하게 칵테일 잔, 맥주잔 두 가지뿐이다. 화면 가운데에 브라질 국기가 꽂힌 칵테일 잔이 놓여있는 장면으로 광고는 시작한다. 사운드는 아주 신나는 삼바(Samba) 음악이다. 신난 분위기 속에 갑자기 독일 국기가 그려진 맥주잔이 칵테일 잔을 눌러 깨트린다. '퍽' 소리와 함께 흥겨웠던 음악도 사라진다.

마지막 브랜드 로고가 나오기 전까지 대사, 내레이션, 자막 어떤 것도 등장하지 않는다. 언어적 전달 없이 이미지와 사운드만으로 '독일이 브라질을 이긴다'는 메시지를 아주 빠르고 강렬하게 전달했다.

"언어(대사, 내레이션, 자막) 없이 메시지 전달이 가능할까?"

레퍼런스 활용 방법

• 동영상의 기본 요소인 '이미지'와 '사운드'의 활용을 잘 보여준 예임
  - 영상은 '이미지와 사운드의 조합'이라는 기초 원리만 잘 활용해도 높은 수준의 완성
    작을 만들 수 있음
• 언어적 표현(대사, 내레이션, 자막)을 의도적으로 제외하고, 이미지와 사운드만으로 영
  상 메시지를 만듦
  예) '베이에른 3' 광고의 이미지와 사운드
    - 이미지: 국기, 마티니 잔, 맥주잔
    - 사운드: 삼바 음악, 마티니 잔이 깨지는 소리, 유리 조각 소리
    - 이 요소들의 조화로 10초 안에 메시지를 전달함

예상 문제점

• 경험이 많은 전문가도 언어 표현 없이 메시지를 담아내는 것은 쉽지 않음. 시간과 노
  력이 많이 소요되는 작업임
  - 초보자에게는 고난도의 과제일 수 있음
  - 대부분의 초보자는 이러한 표현이 원활하게 이뤄지지 않아 대사로 상황 설명을 이
    어가는 경향이 있음. 그럴 경우 대사가 불필요하게 많아지기도 함
• 처음부터 '이미지'와 '사운드' 두 개 영역을 동시에 소화하려 하지 말고, 이미지 하나
  라도 제대로 사용할 줄 아는 연습을 해야 함

추가 연습 방법

• 직접적인 언어 전달이 없는 단편 영화 예제를 찾아봄. 영화 속 어떤 부분이 메시지 전
  달에 중요한 역할을 하는지 학생들과 토의함
• 무성영화를 보는 것도 이미지 표현력을 기르는 데 도움 됨

- 무성영화 중에는 중간중간 자막이 사용되는 것도 있지만, 전반적으로 대사를 사용
  하지 않기 때문에 대사 없는 이미지 연출을 배울 수 있음

(3) 시청자도 한마음으로 응원하도록
| '리우 올림픽' 미국 국가대표 후원 광고

•• 원작

실제 2014년 PGA TOUR 골프 경기 장면이다. 스콧 랭글리(Scott Langley) 선수가 퍼팅(Putting)을 했는데, 공이 홀컵(Hole Cup) 언저리에 아슬아슬하게 걸린 채 들어가지 않았다. 바람만 살짝 불어도 들어갈 것 같은 위치에 있자 선수는 잠시 홀컵을 응시하고 있었다. 골프 규칙상 퍼팅 후 선수가 홀까지 걸어간 다음, 10초 안에 공이 들어가면 인정된다. 다행히 랭글리의 공은 약 8초 후 들어갔다. 이후 이 장면은 'Scott Langley's Cliffhanger(클리프행어, 마지막 순간까지 알 수 없는 손에 땀을 쥐게 하는 상황이란 뜻)'란 별명이 붙었고, 많은 사람에게 알려졌다.

맥주 회사 '앤하이저부시 인베브(Anheuser–Busch InBev)'에서는 이를 놓치지 않고 자신의 '리우 올림픽' 미국 국가대표 후원 광고에 사용했다. 때마침 올림픽에 골프 종목이 다시 채택되었기 때문에 좋은 기회를 포착한 것이다. 골프가 1904년 이후 올림픽 정식 종목이 아니었는데, 112년 만에 2016년 리우 올림픽에서 다시 경기가 시작된 것이다. 골프 팬은 물론이고, 관심 있는 많은 사람이 주목했던 부분이라 '앤하이저부시 인베브'는 2년 전 인기 있었던 경기 장면인 '스콧 랭글리의 클리프행어'를 타이밍 좋게 사용한 것이다. 다시 채택된 골프로, 유명한 골프 장면으로, 자신들이 미국 국가대표 공식 후원사임을 재치 있게 알렸다.

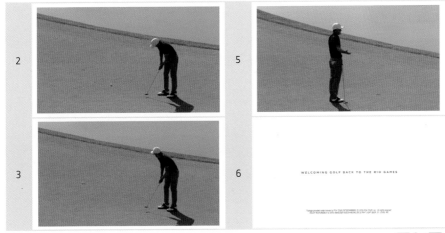

•• 티칭 포인트

"시청자도 한마음으로 응원하도록 (공감도 높이기)"

레퍼런스 활용 방법

• 잘 알려진 사건을 활용하면 시청자의 주목도를 올릴 수 있음
  - 전달하고 싶은 메시지와 관련된 기사나 유명 사건을 검색한 후 가장 관련성 있는 것을 선택함
  - 유의할 점은 시청자의 호불호가 많이 갈리지 않은 것을 선택해야 함. 그래야 공감을 얻는 데 유리함
• 실제 화면을 사용하면 좋겠지만 원작 사용료의 비용 부담이 있으니, 제작 연습에는 장면을 재연하는 것으로 대체함
• 복잡한 장면보다 '스콧 랭글리의 클리프행어'처럼 간단한 상황 하나를 활용하는 것이 제작 시간을 단축할 수 있음
  - 실제 사건을 활용한 '아이디어'가 중요한 것이지 장면 재연에 시간을 투자하는 것이 아님을 유의해야 함

- 실제 사건을 나의 스토리와 접목하는 것은 쉽지 않음
  - 자료를 찾는 시간 싸움일 수 있고, 얼마나 나의 콘텐츠와 관련 있느냐에 따라 적합
    성의 문제일 수 있음
- 타인이 만든 실제 사건을 활용한 제작물을 보면 간단해 보이고 누구나 할 수 있을 것
  같지만, 사실 많은 노력과 경험이 없으면 만들기 어려운 결과임
- 기획 과정에서 인내심을 갖고 시간을 투자할 필요가 있음

추가 연습 방법

- 나의 스토리를 대표할 '주제어'로 마인드맵을 그려, 그 속에 등장한 언어 중 사건 검색
  에 필요한 키워드를 추출함
  - 막상 검색을 시작하면 어떤 내용을 찾아야 할지 막막하여 검색 키워드를 미리 준비
    해야 함
  - 검색은 인터넷의 영역이라 여겨 쉬운 작업이라 생각하지만, 훈련되지 않은 제작자
    의 검색 범위는 훈련된 사람보다 상대적으로 좁음
  - 몇 가지만 검색해보고 '없다'라고 결론지을 수 있어 범위를 넓힐 수 있게 교사가 도
    와줘야 함
  - 추가로 마인드맵 작업은 제작자의 사고 확장에 도움을 줄 수 있어 앞으로의 작품과
    관련하여 아이디어를 얻을 기회이기도 함

(4) 웃기지 않고 웃기기(넌지시 던지는 유머)

| '어반 래더(Urban Ladder)' 가구 회사

•• 원작

인도의 가구 회사 '어반 래더(Urban Ladder)'의 광고이다. 가구 제품 중 '윙체어(Wing Chair)'를 홍보하기 위한 목적으로 제작되었다. 윙체어는 보통 의자보다 크고, 등받이 양옆이 날개처럼 뻗어 있어 앉으면 감싸는 느낌이 든다. 이러한 특징을 어필하기 위해 재미난 아이디어를 냈는데, 사람이 윙체어 안에 숨어 다른 사람이 못 찾게 하는 것이다.

한 남성이 편하게 윙체어에 기대앉아 책을 읽고 있다. 그런데 갑자기 밖에서 사람들 목소리가 들린다. 남성은 누군가 자신을 찾는다는 것을 눈치채고, 들키지 않으려고 윙체어 안으로 몸을 웅크린다. 한 여성이 실내로 들어와 두리번거리며 남성을 찾지만 숨은 남성을 발견하지 못한다. 편하게 앉아서 책을 읽을 수 있고, 성인 남성도 가려질 만큼 공간이 넓다는 것을 재밌는 에피소드로 표현하였다.

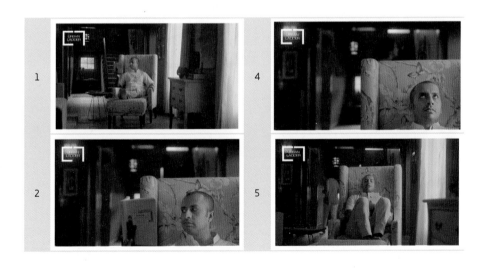

• • 티칭 포인트

"웃기지 않고 웃기기 (넌지시 던지는 유머)"

레퍼런스 활용 방법

- 콘텐츠에 유머를 녹이는 것은 고난도 작업임
  - 유머를 직접적으로 표현하기도 하지만, 콘텐츠 특성에 따라 간접적으로 사용할 줄도 알아야 함
- 아이디어 개발 단계에서는 생각을 여러 가지 형태로 확장해야 함
  - 일반적인 생각이 아닌 엉뚱하거나 독특하게, 혹은 일부러 반대로도 생각해봄
  - '어반 래더'의 경우 전달하고 싶은 메시지는 '안락하고 넓은 편한 의자'이지만, 이 메시지를 직접적으로 전달하지 않음
  - 의자를 하나의 '공간'으로 생각하고 그곳에 사람이 숨어 몸을 가리는 스토리를 생각했음
  - 의자를 단순 사물로 보지 않고 '공간'이라는 한 단계 끌어올린 생각을 한 것임

예상 문제점

- 유머를 녹인 스토리텔링은 특별한 시간을 내어 훈련하기보다 평소 일상에서 연습하는 것이 좋음
  - 초보자가 한두 번의 실습으로 유머를 녹일 정도로 실력이 급증하는 것은 어려움

- 어느 정도 단계까지 가려면 연습 시간이 많이 소요되어 생각날 때마다 가벼운 마음으로 연습해야 함

추가 연습 방법

- 토막 시간을 활용하여 연습하는 방법 중 하나는 '댓글'을 보는 것임
  - 웹툰, 유머사이트, 1인 방송 등 콘텐츠에 달린 댓글을 읽어봄
  - 같은 대상이나 사건을 다른 사람들은 어떤 관점으로 바라보는지 다양한 의견을 알 수 있음
  - 체계적인 스토리 구성 연습을 위해 일부러 시간을 투자하는 것도 중요하지만, 일상에서 새로운 생각을 업데이트하는 것도 부담 없이 연습하는 방법임
- 댓글은 문장 표현력과 새로운 정보를 배울 수 있는 살아있는 자료이기도 함
  - 독특한 작문 능력을 보여주는 댓글에서 표현력의 아이디어를 얻음
  - 정보가 랜덤으로 제공되어, 그동안 특별히 찾아보지 않았던 새로운 내용을 배울 수 있음
- 주의할 점은 악플이나 무의미한 저격글은 학습 예제가 아님. 선별하여 받아들이는 판단이 필요함

(5) 클리셰를 역으로 사용하면?

| 런던 필름 아카데미(London Film Academy)(영화 학교)

•• **원작**

영국 런던에 있는 영화 학교 광고이다. 영화를 전공하는 사람들이 만들었으니 얼마나 잘 만들었을까? 보기 전부터 기대가 커진다. 그 기대를 저버리지 않게 예사롭지 않은 색감, 조명, 카메라 앵글, 움직임, 감정을 살려주는 세부적인 컷들이 뛰어나다. 대사와 내레이션 하나 없이 끝까지 긴장감을 이끌어 가는 연출력도 좋다.

첫 장면은 대규모 은행 건물이고 바로 다음 장면은 은행 앞에 있는 자동차 한 대이다. 자동차 안에는 어떤 사람이 복면과 장갑을 착용하고, 손목시계를 보며 시간 체크를 한다. 이 사람이 차에서 내리자 자주색 트레이닝복을 입고 커다란 가방을 멘 모습이 보인다. 불과 몇 초 안 되는 시간이지만, 시청자는 이 사람이 은행 강도일 것 같다는 추측을 하게 된다. 은행 강도의 전형적인 소품(복면, 장갑, 큰 가방, 손목시계), 행동(시간 체크), 의상(평범하지 않은 트레이닝복)이 그렇게 만든 것이다.

강도 같은 이 사람이 은행에 들어가자 은행 안에 있는 사람들이 긴장하기 시작한다. 경찰은 손을 총 쪽으로 가져가고, 직원은 비상벨을 누를 준비를 하고, 손님 중 한 커플은 남성이 여성의 어깨를 감싸고, 중절모 신사는 식은땀을 흘린다. 세밀한 묘사 장면들이 하나하나 모여 시청자의 감정을 증폭시킨다. 제작자가 고수이기 때문에 가능한 연출이다.

중반쯤 흐르자, 극도에 다다른 긴장감을 표현하기 위해 동영상 속 사운드도 숨죽인다. 이 수상한 사람의 발소리만 터벅터벅 들리고, 모두가 그를 조용히 바라본다. 유유히 걸어간 그가 도착한 곳은 ATM 앞, 무슨 일이 벌어지나 보니 아무렇지 않은 듯 태연하게 카드를 기계에 넣고 돈을 뽑는다. '어? 은행 강도 아니었어?'라는 말이 바로 튀어나올 정도로 의외의 행동이다. 우리가 예상했던 상황은 벌어지지 않는다. 사운드는 다시 일상의 소음으로 바꿰고, 사람들은 긴장을 풀고 제 일을 한다.

카메라는 수상하게 보였던 사람에게로 다시 향하고, 이 사람의 이름과 영화 학교 학생이라는 내용이 자막으로 보인다. '영화 학교 학생이 왜 강도 차림을 하고 은행에 왔을까?' 하는 의문이 드는 순간, 마지막 자막이 나온다. 내용을 총 정리하는 카피 문구이기도 한 이 자막은 'Think Film, Breathe Film, Live Film. LONDON FILM ACADEMY'이다. 의역하면 '영화를 (혹은 영화처럼) 생각하고, 숨 쉬고, 살아가는 런던 필름 아카데미 학생'이란 뜻으로, '삶 자체가 영화인 학생들이 우리 학교에 있어요. 그러니 얼마나 영화를 잘 만들겠어요.'라고 이야기하는 것 같다.

어떻게 말 한마디 없이 스토리를 긴장감 있게 끌고 갈 수 있을까? 어떻게 시청자가 은행 강도라고 생각하게 만들었을까? '클리셰(Cliche)'란 말을 들어본 적이 있을 것이다. '틀에 박힌 뻔한'이란 뜻으로 동영상에도 자주 쓰이는 단어인데, 이번 광고에서도 클리셰적인 표현 방법으로 영화 학교 학생을 은행 강도로 오해하게 만들었다. 인물의 외적인 표현(복면, 장갑, 큰 가방 등), 행동(시간 체크), 장소(은행), 다른 인물들의 반응(은행 안 사람들의 긴장한 모습) 등 전형적인 '은행 강도'의 이미지를 모아 일부러 오해하게 유도한 것이다.

"클리셰를 역으로 사용하면?"

레퍼런스 활용 방법

- 이미지와 사운드의 사용법을 자세하게 보여주는 예임
  - (짧은 몇 초 사이) 몇 개의 이미지로 인물을 설정할 수 있고, 앞으로의 일을 예측하게 할 수 있음
- 말하지 않아도 클리셰를 활용한 이미지로 시청자가 스스로 스토리를 생각하게 함
  예) '런던 필름 아카데미' 광고에서 은행 강도를 연상하게 하는 클리셰적인 이미지들
    - 차 안에서 복면과 장갑을 착용함
    - 손목시계를 보며 시간을 체크함
    - 위아래 색이 독특한 (자주색) 트레이닝복을 입고 있음
    - 차에서 내리자 커다란 가방을 어깨에 메고 있음
- 자세히 묘사된 이미지 모음으로 시청자의 감정 폭을 깊게 만들 수 있음
  예) '런던 필름 아카데미' 광고에서 긴장감을 표현하기 위해 사용한 이미지들
    - 경찰이 총에 손을 살며시 가져감. 있을지도 모를 범죄에 대한 예방으로 보임
    - 은행 직원은 비상벨 누를 준비를 함
    - 커플은 남성이 여성의 어깨를 감쌈
    - 중절모를 쓴 신사는 식은땀을 흘림. 영국 신사도 두려움을 피해 갈 수 없음

예상 문제점

- 클리셰 사용은 말 그대로 진부하고 따분할 수 있음
  - '런던 필름 아카데미'는 반전을 주기 위해 누구나 알 수 있는 이미지를 일부러 사용한 것임. 일반적인 스토리에 불필요한 클리셰를 넣을 경우 오히려 지루할 수 있음
- 시청자가 별로 놀라지 않는 반전은 무미건조한 스토리텔링으로 끝날 수 있음
  - 스토리물을 많이 접한 시청자일수록 반전을 빨리 눈치채는 경향이 있음. 이런 특수한 경우를 제외하고 많은 사람이 알 정도의 반전은 반전이라 보기 어려움
- 반전을 사용하여 획기적인 스토리를 만들고 싶다면, 우선 초반에 시청자를 편하게 만

들어야 함

- 정확히 반전 내용이나 그 요소는 못 찾아도 '뭔가 있는 것 같은데', '결말이 좀 다를 것 같은데' 등 시청자가 무언가를 예측 못하게 스토리 흐름을 자연스럽게 이끌어 가는 게 포인트임
- 그래야 반전 충격이 크게 느껴지는 효과가 있음

추가 연습 방법

- 평소 뉴스(특히 사건 중심)를 볼 때 예상치 못한 결과나 보기 드문 사건을 발견하면 바로 스크랩해 둠
  - 스크랩을 한 후 사건을 한 줄로 정리하는 것이 나중에 자료로 활용하기 편리함
  - 당시에는 내용이 기억나지만, 후에 찾아볼 때는 스크랩해둔 자료들이 많아져 원하는 자료를 찾기 어려워짐
  - 시간이 많이 소요되기 때문에 기사 전체를 다시 읽기 어려움. 한 줄로 정리해 두는 것이 자료 찾기에 편리함
- 사실 스토리를 한 줄로 요약하는 것은 영화에서 '로그 라인(Log line)'이라 불리는 정식 명칭이 있는 작성법임
  - 로그 라인 작성은 시나리오 수업에서 중요하게 다루는 부분임
  - 백(100)장이 넘는 장편영화를 한 줄로 요약하기 때문에 많은 연습이 필요한 고난도의 작업임
  - 시나리오를 프로듀서(제작자)에게 어필할 때 중요하게 작용하는 것 중 하나가 로그 라인임. 그만큼 의미 있는 작업임

(6) 시청자를 끌어들여라 | '스카치 브라이트(Scotch-Brite)' 수세미

•• 원작

청소용품 브랜드로 잘 알려진 '스카치 브라이트'의 수세미 광고이다. 스카치 브라이트는 1902년 창립한 세계적인 기업 3M의 소유로 시장의 선두를 달리고 있는 브랜드다. 이번 예제는 브라질 스카치 브라이트에서 진행한 아이디어가 돋보이는 프로모션이다.

레스토랑에서 손님이 식사를 마치면 직원이 계산서와 수세미를 함께 들고 온다. 두 가지를 손님에게 주고 하나를 고르게 한다. '식대를 지불하거나', '설거지를 하거나' 둘 중 하나를 선택하는 것이다. 설거지를 하면 식대를 내지 않아도 된다. 사람들은 즐거워하며 수세미를 선택하고 주방으로 간다. 설거지는 귀찮은 일로 여기기 일쑤인데, 이렇게 기쁜 마음으로 자진해서 하는 경우도 드물 것이다.

그동안에 봐온 제품 광고와 조금 다른 형태이다. 일반적으로는 모델이 즐겁게 웃으며 제품의 장점과 특징을 이야기하는데, 스카치 브라이트에는 시청자인 우리 같은 사람이 등장하고 직접 참여도 한다. 그리고 그 사람들이 '설거지'라는 행동을 즐거워한다. '나도 저기에 있었으면 설거지하고 무료로 밥도 먹고 좋았을 텐데'하고 생각하게 하는 것 같다. 물론 사람에 따라 설거지를 선택하지 않고 식대를 지불하고 싶을 수도 있다. 실제로 강의에서 이 자료를 사용할 때 일부러 시청자 의견을 물어보기 위해 두 가지 중 어떤 것을 택할지 수강자에게 묻는다. 대부분 설거지를 택하는데, 아주 드물게 몇 명은 식대 지불을 택하기도 한다. 이유는 '모처럼 즐기려고 나왔는데, 집에서도 하는 설거지 밖에서까지 하기 싫다'는 것이었다. 이유를 듣고 보니 공감이 갔다. 하지만 이외 많은 사람이 설거지를 선택했고, 스카치 브라이트의 기발한 아이디어에 동참하고 싶은 의사를 표현했다.

우리는 이 부분에 주의를 기울여야 한다. 보는 것에서 끝나는 콘텐츠가 아니라 '시청자가 공감하고, 나아가 콘텐츠 속에 참여하고 싶게 하는 것', 이러한 제작물을 만드는 것이다. 겉으로만 그럴싸한 것이 아닌 내실이 가득 찬 콘텐츠가 되면 시청자는 스스로 찾아온다. 이 정도 수준까지 제작 능력이 향상되도록 연습하는 것을 목표로 하면 좋겠다. 물론 쉽지 않고 시간도 걸리겠지만 그렇게 되면 제작 연습에 보람을 느끼는 것은 물론이고, 앞으로도 꾸준히 발전하는 제작자가 될 것이다.

●● 티칭 포인트

"시청자를 끌어들여라"

레퍼런스 활용 방법

- 시청자가 공감하는 수준을 넘어 참여하게 만드는 아이디어를 배움
  - 콘텐츠 속 인물이 되고 싶을 정도로 매력 있는 소재와 아이디어로 시청자를 집중하게 할 수 있음
- 기획 아이디어가 좋으면 제작비를 절감할 수 있음
  - 어려운 촬영, 까다로운 조명 세팅, 모델을 예쁘게 꾸며줄 헤어와 메이크업, 의상 등이 없어도 됨
  - '스카치 브라이트' 광고를 보면, 있는 그대로를 찍는 형태로 자연스럽게 촬영함. 실제 느낌의 촬영이 오히려 메시지 전달에 효과적인 아이디어임

- 메시지 전달이 목적임을 잊지 말아야 함
  - 시청자를 끌어들이는 것은 메시지 전달에 필요한 '방법'인 것임
  - 방법이 목적이 되면, 즉 시청자 유입에만 신경쓰면 정작 해야 할 말을 하지 못하고 단순 흥미 유발로 끝날 수 있음
  - 단순 흥미 유발 콘텐츠는 지속성이 떨어지고, 시청자를 끌어들이려다가 결국 시청자를 잃어버리게 되는 역효과가 일어날 수 있음
- 시청자 유입이 '목적'인 콘텐츠 유형은 따로 있음
  - 메시지 자체가 '시청자 유입'임
  - 시청자를 통해 그들의 생생한 말, 행동, 느낌을 그대로 전달하려고 함
  - 이러한 유형의 콘텐츠에서는 다루는 소재는 계속 바뀌는데, 그 이유는 '시청자 유입'이 목적이기 때문에 소재가 거기에 맞춰 변하는 것임

- SNS에 올라오는 숏폼 콘텐츠를 의도적으로라도 자주 접하는 것이 다양한 시청자의 요구를 파악하는 데 도움이 됨
  - 성별, 연령대, 취미, 생활방식, 선호도 등 다양한 시청자의 관심사를 파악하는 방법은 그들을 자주 접하는 것임
  - 콘텐츠를 다루는 사람은 다른 연령대의 생활도 알고 있어야 함. 정보에 제약이 없어야 함
  - 직접 다 체험할 수는 없어도 시대의 흐름을 민첩하게 파악하고 있어야 함
  - 이러한 내용을 공부할 수 있는 자료는 특별히 없음. 평소에 여러 활동에 참여하는 것이 좋은데, 여건이 충분하지 않을 것임. 시간과 비용면에서 효율적인 간접 체험을 할 수 있는 방법으로 그들의 콘텐츠를 접하는 것임
  - 숏폼이 아닌 긴 콘텐츠를 보는 것은 몇 번은 일부러라도 공부의 목적으로 볼 수는 있지만, 점차 시간적으로 부담을 느낄 수 있음. 적은 양을 자주 접하는 것으로 시작하면 부담 없이 접근하게 됨
  - 따로 시간 내지 않고 막간을 활용할 수 있어 의외로 가볍게 연습할 수 있음

(7) 마음을 움직이는 캐릭터 | '안드렉스(Andrex)' 화장지

•• 원작

'킴벌리 클라크(Kimberly – Clark)'의 화장지 브랜드 '안드렉스(Andrex)'의 광고이다. 킴벌리 클라크는 '하기스(HUGGIES)' 기저귀로 유명한 기업으로, 제지와 관련된 생활용품을 제작한다. '안드렉스'는 1942년 출시된 장수 브랜드이며, 제품 패키지와 광고에 강아지를 모델로 등장시킨다. 이번 광고에도 강아지가 등장한다. 하지만 그동안의 광고에서 봐온 개구쟁이나 발랄한 모습이 아니고, 얌전하게 앉아서 연민의 눈빛을 보내며 보는 사람의 마음이 동요되게 만드는 강아지이다.

광고는 한 여성이 마트에서 카트를 끌며 물건을 찾아다니는 장면으로 시작한다. 여성은 화장지가 진열된 통로로 이동하고 어떤 것을 살지 고르는데, 고개를 돌리니 옆 진열대에 귀여운 강아지 한 마리가 앉아 있다. 강아지가 아련한 눈빛으로 여성을 바라보자 여성은 마음이 동요된 표정으로 강아지를 안아 올린다. 그리고 뒤돌아 카트에 담는데, 강아지가 안드렉스 화장지로 바뀌어있다. 이 광고를 보는 시청자는 앞으로 화장지를 사러가 안드렉스 패키지를 보면, 연민의 눈빛을 보내는 강아지가 생각날 것이다. 강아지가 '이래도 날 선택 안 할래?'라며 쳐다보는 것 같아 광고 속 여성처럼 안드렉스 화장지를 카트에 담을지도 모른다.

•• 티칭 포인트

"마음을 움직이는 캐릭터"

흔히들 화장지를 고를 때 가격, 두께, 매수 등을 따지는데, 이 여성은 그런 것을 따지지 않았다. 강아지가 그려진 안드렉스 하나만 보고 선택했다. 느낌을 강조한 이번 광고는 마지막에 등장하는 카피인 'Clean is a feeling(깨끗함은 느낌이다)'을 보면 전달 메시지가 더욱 확실해진다. 제품의 기능이나 특성보다 브랜드의 감정적인 부분을 강조하며 시청자에게 다가가는 것이다. 광고 속 여성이 아무것도 생각하지 않고 화장지를 고를 수 있고, 시청자도 그 여성과 같은 느낌이 들게 한다. 앞서서 사람을 바라보기만 한 강아지이지만, 캐릭터의 중요성을 새삼 실감하게 한다.

레퍼런스 활용 방법

- 자신의 스토리에 등장하는 캐릭터를 수시로 점검해야 함
  - 스토리를 이끌어가는 도구처럼 등장시킨 것은 아닌지, 단순한 성격 하나만 부여하여 매력 없는 캐릭터가 된 것은 아닌지 등을 점검함
  - 캐릭터에 단순 성격만 부여할 경우 똑똑함, 다혈질, 게으름 등 하나의 성격으로만 정리되는 평면적인 캐릭터가 됨. 이러한 캐릭터가 등장하는 스토리는 현실성이 떨어지는 단조로운 내용이 될 가능성이 있음
- 매력적인 캐릭터는 설정만 잘하면 등장만으로도 시청자에게 어필할 수 있음
  - '안드렉스' 광고 속 강아지는 무언가를 보여주는 동작 연기를 한 게 아니고 가만히 앉아서 다른 대상을 바라보기만 한 것임. 하지만 시청자의 공감을 불러일으키기에 충분함

예상 문제점

- 같은 캐릭터라 하더라도 내가 생각하는 방향과 타인이 생각하는 방향이 다를 수 있음
  - 특히 제작자가 특정 캐릭터에 대한 팬심이 있으면, 여러 가지 면을 소개하고 싶어서 캐릭터의 많은 점을 스토리에 담으려고 하는데, 이럴 경우 스토리가 불분명해질 수 있음
  - 스토리와 연결성이 떨어지는 캐릭터의 특성은 오히려 일관되지 못한 캐릭터로 비칠 가능성이 생김
- '안드렉스' 광고처럼 동물이나, 유아를 촬영할 경우, 숙련된 제작자에게 도움을 청하거나 그들의 노하우를 미리 알아두어야 함
  - 성인 배우처럼 통제된 연기가 불가능한 대상이어서 시간도 많이 소요되고, 생각하지 못한 돌발 상황이 발생할 수 있음
  - 동물은 의사소통이 어렵기 때문에 제작자의 의도대로 한 번에 찍기 어려움. 어느 타이밍에 좋은 장면을 얻을 수 있을지 예상하기 어려움
  - 쉬거나 놀고 있을 때, 자고 있을 때도 카메라를 계속 녹화하여 필요한 컷을 얻어야 할 수도 있음

추가 연습 방법

- 영화, 소설, 웹툰 등의 인상적인 캐릭터가 있다면 그 특징을 정리하여 학생과 토론함
  - 캐릭터를 설명하는 문장이나 키워드를 작성해 봄
  - 그 캐릭터가 왜 그런 성격을 갖게 되었는지 스토리 속에서 이유를 찾아봄
  - 그 캐릭터가 과거에는 어떤 삶을 살았을지 추측해 봄
  - 그 캐릭터의 미래 이야기를 상상해 봄

(8) 귀엽고 소소한 반전 | '불랑제(Boulanger)' 전자제품 유통회사

•• 원작

전자제품을 유통하는 회사 '불랑제(Boulanger)'의 광고이다. 분가하여 독립하는 딸의 이사를 아빠가 돕는 내용이다. 딸의 신나는 표정과 행동을 보니 혼자 산다는 것에 기분이 들뜬 것 같다. 한창 물건을 옮기고 방안을 정리하고 있는 중, 새로운 가전제품이 배달 온다. '불랑제'에서 주문한 제품이다. 짐을 정리하면서 아빠는 걱정과 아련한 표정으로 딸을 바라보는데, 딸은 그저 독립하는 것에 신나있는 것 같다. 둘의 이런 모습을 불랑제 배달 기사가 번갈아 보며, 아빠에게 공감한다는 눈빛을 보낸다.

제품 설치가 끝난 후, 아빠와 배달 기사는 딸의 집을 나와 엘리베이터 앞에 서 있다. 배달 기사가 아빠에게 먼저 타라고 엘리베이터 문을 잡아주는데, 아빠는 타지 않는다. 왜 그런가 보니 아빠가 사는 곳이 딸이 사는 바로 아래 집이다. 아빠는 배달 기사에게 인사를 건네고 자신의 집으로 간다. 바로 윗집에 딸의 거처를 마련해 준 것이다.

충격을 줄 정도로 초특급 반전은 아니지만, 생각하지 못한 귀여운 반전이다. 반전이 있기 전까지 아빠의 표정은 마치 딸을 멀리 떠나보내는 것처럼 보였기 때문이다. 하지만 다시 생각해보면 평생을 키워왔기 때문에 바로 위층에 살아도 '떨어져 사는 부모의 마음은 이렇다'라는 것, 물리적인 거리가 멀고 가까운 것이 중요한 게 아니라 '품에서 떠나보내는 자체가 부모에게는 큰 사건'이라는 것을 보여주고 싶은 게 아니었을까? 불랑제는 작은 반전을 함께 섞은 스토리로 감동을 전달하고, 그 속에 자신이 가장 알리고 싶은 '제품'과 '배달 서비스'를 자연스럽게 녹여 콘텐츠를 완성했다.

●● 티칭 포인트

"귀엽고 소소한 반전"

레퍼런스 활용 방법

- 스토리 속 '반전'은 흔히들 시청자를 깜짝 놀라게 하는 요소로 여김. 하지만 이번 예제를 통해 잔잔한 방법으로도 반전 효과를 줄 수 있다는 것을 배움
  - 반전은 시청자 생각의 흐름에 자극을 주고, 이 자극이 시청에 흥미를 주는 것이라 생각하면 반전을 좀 더 확장시켜 사용할 수 있음
- 억지로 결말의 내용을 바꾸기 위해 사용되는 반전은 자연스럽지 않고 어색할 수 있음
  - 반전은 스토리를 업그레이드해 주는 요소이지, 시청자를 불편하게 만드는 장치가 아님

예상 문제점

- 시청자가 예상할 수 없는 결말을 지어야 재미있다고 생각하는 오류를 범할 수 있음
  - 해피엔딩, 권선징악 등 시청자가 충분히 예상할 수 있는 전형적인 이야기도 꾸준히 사랑받고 있음. 오래된 고전은 내용을 알면서도 계속 보게 됨. 이러한 이유를 생각하면 꼭 충격을 주는 요소만이 스토리의 흥미를 이끌어 내는 것은 아님
- 초보자가 스펙터클한 스토리를 쓰는 경우는 드묾. 반전 요소를 넣더라도 소소한 반전, 귀여운 반전 등 작게 시작하면서 스토리텔링의 역량을 늘려가는 것이 연습에 도움 됨

추가 연습 방법

- 일기 쓰기, 생활 속 소소한 반전 상황 적어두기 등 작은 연습을 실천함

- 교사와 학생이 각자 적고, 일주일 후 공유하는 방법도 좋음
- 적어둔 것이 어느 정도 모였을 때(예를 들어 3개월 후) 하나를 골라 스토리(단편 영화 등)로 발전시키는 연습을 해봄

(9) 상상 속 즐거움을 현실로? | '도미노' 피자

•• 원작

도미노피자 'Car Park Delivery(주문 후 매장 앞에 주차하면 피자를 차에 실어 줌)' 서비스를 알리는 광고이다. '차에서 내리지 않아도 됨'을 강조하려고 정말 내릴 수 없는 상황을 연출했다. 어떤 상황이어야 차에서 내릴 수 없을까?

도미노는 상상력을 동원했다. 자동차 안을 물로 채웠다. 문을 여는 순간 물이 왈칵 쏟아지니 열 수 없는 상태가 된 것이다. 물속에서는 숨을 쉴 수 없는데, 그렇다면 누가 타고 있어야 할까? 수중 생물이면 가능하지 않을까? 그래서 도미노는 '물고기가 운전하는 자동차'라는 설정으로 이야기를 펼친다. 물고기는 물 밖으로 나올 수 없으니 물로 채워진 차 안에 있어야 하는 주인공으로 제격이었고, '물고기가 운전하는 자동차'는 재미있기도 하고, 특이한 장면이라 잘 잊히지 않는 효과도 있다.

광고는 물고기 두 마리가 바다에 빠졌던 차를 타고 도미노 매장으로 향하는 것으로 시작한다. 한 마리는 운전하고, 한 마리는 조수석에 타고 있다. 자동차는 녹이 슬고, 총을 여러 발 맞아 구멍이 있고 자동차 안의 물이 구멍 밖으로 조금씩 새고 있다. 영화에서 자주 본 물에 빠진 자동차를 연출한 것이다. 물고기가 멀쩡한 자동차를 타고 오는 것은 뜬금없어 보일 것이다. 아무리 상상을 가미한 스토리라도 너무 허무맹랑하면 설득력이 떨어질 수 있어 어느 정도 개연성(물고기가 물에 빠진 자동차를 주워 타고 온 것임)을 갖춘 설정이다.

다음 장면은 자동차가 매장 주차장에 멈추자 도미노 직원이 피자를 가져와 트렁크에 실어준다. 독특하면서도 기발한 상상을 전체적으로 잘 표현했다. 만약 물고기가 아닌 사람이 탄 말끔한 차가 등장했다면 지금 같은 강렬한 인상을 줄 수 있었을까? 지금보다는 훨씬 덜했을 것이다. 도미노는 메시지 전달은 물론이고, 유머러스함까지 보여주어 시청자를 즐겁게 해주었다.

●● 티칭 포인트

"상상 속 즐거움을 현실로?"

레퍼런스 활용 방법

- 사실적인 방법으로 메시지 전달에 한계가 있다면 상상력을 동원해 봄

- 스토리가 별 흥미 없거나 너무 당연한 이야기처럼 느껴지면, 실제 일어날 수 없을지라도 약간의 상상력을 가미해 봄. 아이디어 확장에 도움 됨
- 어린아이의 시선으로 한편의 동화를 만든다고 생각하면 조금 더 쉽게 출발할 수 있음
• 일어날 수 없는 상황을 연출하더라도 그 안에 현실적인 요소를 추가하면 시청자의 공감을 형성할 수 있음
- '도미노피자'에서처럼 물로 채워진 자동차를 운전하는 물고기는 일어날 수 없는 일이지만, 물에 빠진 자동차는 현실에서 접한 이야기임

예상 문제점

• 예산과 기술적인 범위 안에서 실제 촬영이 가능한지 검토해야 함
- 현실과 거리감 있는 내용이 많이 포함되면 촬영이 불가능할 수 있음
- 초보 제작자는 전문가처럼 정교한 CG나 고난도의 촬영이 어렵기 때문에 실제로 완성물을 만들 수 있을지 먼저 판단해야 함

추가 연습 방법

• 구체적인 콘티 만들기 연습이 필요함
- 초보자는 콘티 만들기의 중요성에 대해 아직 실감하기 어려울 수 있음
- 가이드라인 정도로 생각하기 쉬운데, 촬영 당일에 콘티가 구체적이지 않으면 어리둥절하는 것은 물론 추가촬영분이 생겨 촬영일이 늘어날 수 있음
- 콘티를 자세하게 만들면 촬영 전에 실현 가능한지 아닌지, 구체적으로 판단할 수 있음
• 콘티가 완성되면, 한 장면이라도 먼저 촬영해보는 것(모의 촬영)이 후에 시행착오를 줄일 수 있음(시간이 부족하면 인물 없이 장소만 스틸컷으로 찍음)
- 경험이 많은 전문가는 콘티를 보면 촬영 현장이 어느 정도 머릿속에 그려지지만, 초보자에게는 어려운 일임
- 스토리 전체를 모의 촬영하지 않고 확신이 안 서는 장면만 연습하면 됨. 번거롭지만 실제 촬영일에 잘못하여 재촬영을 하는 것보다 나음

(10) 개념 하나를 여러 이미지로 풀어내기
| '라이솔(Lysol)' 세척 및 소독 제품 브랜드

•• 원작

'라이솔'은 소독 제품, 물티슈, 세제 등을 만드는 브랜드이다. 이번 광고는 제품의 특징이나 장점을 어필하기보다 '엄마처럼 보호한다(Protect like a mother)'라는 주제로 이야기를 풀어간다. 아이들이 위험에 처하거나 도움이 필요할 때 듬직한 보호자가 등장하는데, 사람이 아닌 큰 동물이 등장한다. 아이가 길을 건너는 중 갑자기 자동차가 달려오자 곰이 막아주고, 비를 맞으며 떨고 있는 아이에게 독수리가 날개를 펴 비를 막아준다. 엄마처럼 보호해주는 역할을 라이솔이 하고 있다는 것을 이미지로 표현한 것이다.

"개념 하나를 여러 이미지로 풀어내기"

레퍼런스 활용 방법

- 콘셉트 하나를 다양한 이미지로 풀어내는 연습을 함
  - '라이솔' 광고에 등장한 보호 동물은 '엄마'라는 공통 개념에서 시작한 상징적인 이미지임
  - 광고에서 다루는 '엄마'는 '보호'의 뜻을 담고 있고, '보호'를 이미지로 나타내기 위해 '아이를 돌볼 수 있는 동물'로 표현했음
  - 그리고 상황별로 다양한 동물을 등장시킴
  - '엄마 → 보호 → 아이를 돌볼 수 있는 동물 → 곰, 독수리, 원숭이, 코끼리, 사자'로 정리할 수 있음
  - '엄마'라는 개념이 '곰, 독수리, 원숭이, 코끼리, 사자'라는 여러 이미지로 표현됨
- 연상 작용을 연습할 수 있는 기회임
  - '라이솔'처럼 '엄마'가 '보호 동물'이 되는 아이디어를 초보자가 생각해 내기는 어려

움. 많은 연습이 필요함
- 하나의 단어를 정해 관련된 유사어, 반의어, 예문 등을 사전에서 찾아보고, 직접 예문을 만들어 보는 연습을 함

• 개념을 시청각 형태로 바꾸는 것이 서툴 수 있음
- 연상 작용 연습을 통해 글로 표현하는 것이 수월해지더라도, 다음 단계인 시청각 형태로 바꾸는 것이 어려울 수 있음
- 동영상의 최종 결과물은 이미지와 사운드임을 기억하며 글에서 끝나지 않고 시청각 표현을 추가로 연습함

• (포털 사이트 이미지보다) 전문적으로 이미지를 다루는 스톡 이미지(Stock images) 사이트에서 전문가가 촬영한 사진을 보며 검색 실력을 늘림
- 검색은 누구나 할 수 있어 쉬운 영역이라 생각하지만, 연습과 노하우 없이는 질적인 검색을 하기 어려움
- 전문 이미지 사이트에서 이미지를 찾다 보면, 연관 이미지에서 더 발전된 생각이 떠오르기도 함
• 예를 들어 '달리는 사람'을 검색하면 길, 계단, 물가, 산속 등 다양한 장소에서 뛰는 사람이 나오고, 의상도 다양하고, 달리는 모습도 다양하여 여러 아이디어를 얻을 수 있음
- '달리는 사람'을 떠올리면 전체적으로 모습이 모두 드러나는 풀 숏 이미지가 생각남. 하지만 연관 이미지에서 보여주는 발, 다리, 손, 땀 흘리는 얼굴 등 클로즈업 사진을 통해 세세한 부분의 중요성을 알게 됨. 전체 모습인 '풀 숏'과 함께 '클로즈업 숏'도 섞어서 편집할 수 있는 아이디어를 얻을 수 있음
- 아침, 새벽, 밤 등 다양한 시간대에 촬영한 것을 보고, 색감이나 조명에 대해 참고할 수 있음
- '달리는 사람'이 입고 있는 옷, 액세서리, 헤어스타일 등을 보면서 캐릭터의 외적인 표현 아이디어를 얻을 수 있음

(11) 인간관계에서부터 스토리는 시작한다 | '맥도날드' 패스트푸드

•• 원작

맥도날드로 첫 출근 한 아르바이트생의 이야기이다. 빨대 꾸러미를 풀다 빨대들이 밖으로 튀어나오고, 계산하는 방법, 손님 응대 등 선배에게 하나하나 배워야 할 만큼 서투른 장면들이 보인다. 마지막으로는 드라이브스루(Drive-through) 주문받기를 배우는 장면이다. 선배가 먼저 시범을 보이려고 헤드셋을 끼고 손님에게 인사하는데, 손님은 주문하지 않고 아르바이트생의 이름부터 부른다. 선배는 이해한다는 듯 미소 지으며 아르바이트생에게 손님을 내어준다. 자리를 넘겨받고 손님에게 말을 건네자 손님은 흥분된 목소리로 대답한다. 그의 부모님이다. 픽업 창구로 부모님의 차가 도착하고, 엄마가 신나서 기념사진을 찍는다. 아르바이트생이 선배를 향해 뒤돌아보며 쑥스러워하자 선배는 자신의 부모님은 (사진보다 더한) 동영상으로 찍었다고 얘기하며 웃는다.

●● 티칭 포인트

"인간관계에서부터 스토리는 시작한다"

보통 식품 광고와는 다른 콘셉트이다. 일반적으로 식품 광고는 얼마나 맛있는지, 얼마나 쉽고 편하게 먹을 수(요리할 수) 있는지 등 시청자를 미래의 손님이라 생각하며 어필한다. 하지만 이번 광고는 맥도날드 직원을 이야기한다. 음식을 넘어서 직원의 인간적인 면, 직원들 사이의 우애 좋음을, 이렇게 좋은 사람들이 일하는 맥도날드임을 보여주며 정감 있는 브랜드를 알린다.

첫 출근한 아들이 대견해 행복한 웃음을 짓는 부모의 모습은 일상 속 충분히 일어날 수 있는 일이다. 어쩌면 내 주변에 비슷한 일이 있었을지도 모른다. 하지만 당연한 일이라 생각해 스토리 소재로 여기지 않았을 것이다. 사실 나와 관계된 사소한 일도 다른 시점으로 보면 흥미로운 이야기 소재가 될 수 있는데도 말이다.

레퍼런스 활용 방법

- 이야깃거리가 부족하다고 느낄 때 가족이나 친구와의 이야기를 먼저 떠올려보도록 함
  - 인간관계 속 사건과 상황은 스토리의 시작임
  - 경험담이기 때문에 자세한 묘사와 설명이 가능한 유리한 점이 있음
  - 캐릭터 하나하나 설정하고 없는 이야기를 꾸며내는 것보다 주변 인물로 캐릭터를 만들어 가는 것이 초보자에게 유리함. 수월하게 캐릭터를 표현할 수 있음

예상 문제점

- 대부분 자신의 이야기는 거창한 스토리가 아니라고 생각하고 대수롭지 않게 여김
  - 본인에게는 식상해도 타인에게는 신선한 이야기일 수 있음
    예) '맥도날드' 광고
    - 아르바이트생 측면에서는 개인적인 '성장(첫 출근)'임
    - 부모님과의 관계 측면에서는 '가족의 관심과 사랑'임
    - 직장 상사와 직업 측면에서는 '원만한 사회생활'을 이야기하는 것임
    - 세 가지 모두 확장하면 평범한 사건 이상을 말할 수 있는 훌륭한 이야기 소재임
- 반대로 나에게는 무척 좋고 신나는 일인데, 다른 사람에게는 별 흥미 없는 지루한 이야기도 있음
  - 이런 경우 중요하지 않은 부분만 강조하다 끝나는 이야기가 될 수 있으니, 다른 사람의 객관적인 피드백이 필요함

추가 연습 방법

- '제3자의 관점으로 바라보기' 연습이 필요함
  - 본인의 이야기를 객관적으로 바라봐야 진짜 이야깃거리를 고를 수 있음
  - 처음에는 주관적인 관점으로 이야기 소재를 찾지만, 스토리를 전개할 때는 객관적이고 편견 없는 작가의 시선으로 바라봐야 함

(12) 단점을 드러내면 오히려 장점이 커 보인다

| '스마트(Smart)' 자동차

•• 원작

'스마트'는 '스와치(시계)' 그룹과 '다임러 AG(벤츠 자동차 그룹)'가 합작으로 만든 자동차이다. 작은 외형이 특징이고, 주로 2인승 자동차를 만든다. 이러한 스마트에서 광고를 만들어 그 특징을 어필한다. 일반적으로 작은 차의 특징은 '좁은 골목길을 지나갈 수 있다', '좁은 공간에 주차할 수 있다', '경차의 경우 주차할인, 통행료 할인, 주유 할인 등 혜택이 있다'로 큰 차가 할 수 없는 일이다.

스마트도 작은 차여서 이러한 장점을 어필해야 하는데, 이번 광고는 오히려 그 반대로 접근했다. 작아서 할 수 없는 것들을 보여주는 것이다. 비포장 산악길 언덕을 오르려다 뒤로 미끄러지고, 큰 돌멩이를 넘어가려다 걸려서 움직이지 못하고, 개울가도 건너지 못하고 빠지는 등 실패 모습의 연속이다. 스스로 초라한 모습을 자초하는 것은 아닌가 걱정이 되고, 이런 단점을 보여주면 오히려 역효과가 나지 않을까 우려될 정도이다.

하지만 마지막 장면에 반전이 있다. 장소가 오프로드에서 도심으로 바뀌고 큰 차가 주차하지 못하는 좁은 공간에 스마트가 멋지게 주차한다. 사실 제일 보여주고 싶은 장면은 마지막 장면이다. 그런데 왜 전반부에 실패의 모습을 나열한 것일까?

거꾸로 생각하면 답을 알 수 있다. 만약 단점 없이 장점만 나열했다면 지금과 같은 효과가 있을까? 작은 차의 장점은 이미 많은 사람이 알고 있는데, 굳이 그걸 이미지로 하나씩 설명하는 게 큰 의미가 있을까? 어쩌면 평범한 스토리텔링이어서 시청자의 주목을 잘 얻지 못할 것이다. 그리고 장점만 나열하는 방법은 받아들이는 입장에서는 자랑만 길게 한다고 생각할 수 있다.

이런 생각을 뛰어넘는 아이디어와 도전적인 방법으로 스마트는 자신의 단점을 재치 있게 드러냈다. 그리고 그 위에 장점을 살짝 얹어 어필했다. 다 알고 있는 장점(좁은 공간에 주차할 수 있다)이라도 앞의 단점들과 연결해서 보면 이 장점이 더 크게 보이는 것이다. 똑똑한 스토리텔링이다.

요즘 1인 미디어에서도 이 방법을 잘 활용하는 크리에이터를 종종 만난다. 자신의 장점을 어필하기 전에 단점을 미리 여러 가지 말하는 것이다. '저 이거 잘 못해요. 저것도 잘 못해요. 하지만 이것만은 정말 잘 할 수 있습니다' 이렇게 이야기를 이끌어간다. 겸손해 보이고, 단점을 솔직하게 드러내어 신뢰도 가고, 결점 없는 미디어 속 인물이 아닌 나와 비슷한 사람이라 생각되어 시청자가 더 공감하게 된다.

"단점을 드러내면 오히려 장점이 커보인다"

레퍼런스 활용 방법

• 메시지에 장점을 포함할 때는 너무 자랑하듯 나열하는 방법은 피하는 것이 좋음
  - 장점을 죽 이어서 보여주면 지루할 수 있고 부담스러워할 수 있음
  - 제작자 입장에서 자랑하고 싶은 내용이지 시청자에게는 일반적인 특징으로 여길 수 있음
• 단점을 먼저 보여주고 장점을 소개하면 부담감을 줄일 수 있고, 작은 장점이 커 보이는 효과가 있음
  - 단점을 스스로 드러내면 솔직해 보이고 과장이나 거짓 없는 콘텐츠로 느껴짐

예상 문제점

• 단점을 드러내는 게 때로는 위험 요소일 수 있음
  - 다른 사람이 모르는 단점까지 밝히면 오히려 마이너스임
  - 단점을 먼저 보여주는 것은 장점을 더 돋보이게 하려는 사전작업이라고 여겨야 함
    단점을 소개하는 식으로 표현하는 것이 아님

추가 연습 방법

- 장단점을 나열한 후 다른 사람들에게 피드백을 얻어 중요도의 순서를 매김
  - 시청자의 눈으로 치명적인 것은 걸러내고, 유머로 넘길 수준의 단점을 고르는 기회임
  - 장단점을 이야기할 때 세 가지를 넘기지 않는 것이 시청자의 기억에 좋음. 너무 많으면 하나도 기억 못 할 수 있고 지루해함
  - 장단점은 약한 것부터 시작하여 강한 것으로 진행해야 다음 장면에 대한 시청자의 기대감을 유지할 수 있음. 강한 것부터 보여주면 기대감이 떨어짐

2. 두 번째 단계 Production: 촬영, 색감, 조명, 장소, 소품, 의상

(1) 숨죽이게 만드는 원 테이크
| 영국 왕립 해병대(Royal Marine)

●● 원작

영국 왕립 해병대에서 제작한 홍보 동영상이다. 아이디어, 스토리 구성, 장소 선택, 촬영, 조명, 배우가 입고 있는 의상과 연기, 모두 조화를 이룬 완성도 높은 콘텐츠이다. 특히 촬영 방법이 독특한데, 마지막 로고가 나오기 전까지 컷(Cut)없이 한 번의 테이크로 진행하는 '원 테이크(One take)'로 촬영했다.

장면은 해적 한명 한명의 모습을 보여주며 시작한다. 보초를 서고, 잠을 자고, TV를 보고, 짐을 나르는 등의 모습이 보인다. 그러다 갑자기 해적 한 명이 주변을 두리번거리며 총을 들고 경계 태세를 취한다. 그리고 카메라의 방향이 여태까지 진행했던 것(왼쪽에서 오른쪽)과 반대 방향(오른쪽에서 왼쪽)으로 움직이기 시작한다. 초반 장면에서 보였던 해적 몇 명이 사라졌고, 주변의 의자도 쓰러져 있다.

그리고 서서히 카피 문구가 등장한다. '우리가 오는 걸 보지 못할 것이다(YOU WON'T SEE US COMING)'. '우리가 떠나는 것도 보지 못할 것이다(YOU WON'T SEE US LEAVE)'. 원 테이크로 보여준 이미지와 카피의 조합이 아주 뛰어나고, 영국 왕립 해병대의 특징을 순식간에, 그리고 명료하게 전달해주었다.

●● 티칭 포인트

"숨죽이게 만드는 원 테이크"

레퍼런스 활용 방법

• 원 테이크에 어울리는 스토리 구성을 연습할 수 있음

- 컷 없이 한 번의 테이크로 촬영하는 목적과 이유를 분명하게 알 수 있음
- '원 테이크로 찍으면 멋져 보인다', '좋아하는 감독이 하는 방법이니 나도 해보고 싶다'라는 이유로 초보자들이 원 테이크에 대한 로망이 더러 있음
- 하지만 분명히 알아야 할 것은 원 테이크는 스토리를 표현하기 위한 방법적 선택이지, 작품의 질적 수준을 평가하는 기준이 아님
- 시청의 호흡을 끊지 않고 긴장감을 유지하거나, 집중력이 특별히 요구되는 상황 등 원 테이크를 사용하는 목적이 분명해야 함
• 원 테이크 촬영 연습을 통해 컷이 있을 때와 없을 때의 촬영이 어떤 점이 다르고 무엇을 준비해야 하는지 미리 경험해 볼 수 있음

예상 문제점

• 컷 없이 한 번에 처음부터 끝까지 촬영하여 중간에 실수하면 다시 시작해야 함
  - 카메라의 실수뿐 아니라, 배우, 소품, 스텝 등 누구 하나라도 사전 약속대로 하지 않으면 NG가 나고 처음으로 돌아가 다시 시작해야 함
• 카메라를 (고정된 상태가 아닌) 움직이면서 원 테이크를 촬영할 경우, 경험과 기술력이 부족하면 원하는 화면을 얻지 못할 수 있음
  - 짐벌 등 흔들림을 잡아주는 장치가 있더라도 초보자는 정교한 움직임이 어려울 수 있음
  - 배우들의 동선을 어떻게 짜야 하는지 몰라 어리둥절 할 수 있음

추가 연습 방법

• 평소 일상 기록용 동영상을 의도적으로 1분 이상 찍어봄
  예1) 꽃밭에서 나비를 촬영하다가 나비가 날아가도 녹화를 중지하지 말고 따라가며 찍어봄
  예2) 나비보다 속도가 빠른 강아지 달리기도 중지 없이 촬영해 봄
  - 이번 연습은 컷을 하며 촬영할 때와 의도적으로 하나의 호흡으로 계속 찍을 때의 차이점을 느끼는 것이 중요함

(2) 동영상에서 깔 맞춤이란? | '루팍(LURPAK)' 버터

•• 원작

1901년 창립한 덴마크 버터 '루팍'의 광고는 칸(Cannes Lions)에서 수상받을 정도로 완성도가 높고, 특히 내레이션을 하는 성우의 독특한 목소리로도 유명하다. 이번 예제는 트레이드마크 목소리는 물론 색감을 강조한 비주얼 처리가 돋보여 자세히 보기 위해 컷별로 캡처를 다양하게 했다. 그만큼 장면 하나하나가 예술이다. 식재료, 주방 도구, 소품, 의상, 인테리어까지 모두 꼼꼼하게 신경 썼다.

초록에서 시작하여 노랑, 주황, 빨강, 보라, 파랑까지 각 색의 대표적인 음식 재료가 등장한다. 색과 모양은 다르지만 '버터와 잘 어울리는' 공통점이 있는 재료들이다. 각 식재료의 식감과 신선함을 강조하고, 배경(소품, 의상 등)도 색을 고려하여 신중하게 선택했다. 후반부에 등장하는 (칼에 베인 손가락을 감싼) 밴드를 음식 색에 맞춰 파란색으로 한 걸 보면, 사소한 것 하나도 놓치지 않으려는 제작자의 의도가 돋보인다.

색도 중요하지만 카메라의 위치, 시점(POV, Point of View), 움직임도 눈여겨봐야 한다. 우리가 흔히 접하는 온라인 레시피 동영상은 주로 위에서 찍은 숏이 많은데, 루팍은 아주 다양한 위치와 시점을 사용해 생동감 있는 장면을 연출했다. 특히 재료를 자르고 손질할 때와 버터를 바를 때 사용하는 1인칭 시점은 직접 요리하는 것처럼 느껴질 정도로 실감 난다.

●● 티칭 포인트

"동영상에서 깔 맞춤이란?"

레퍼런스 활용 방법

- 화면을 구성하는 모든 요소가 메시지 전달에 관여하고 있음
  - 초보자의 경우 주인공에만 집중하여 주변에 신경을 못 쓸 수 있음
  - 경험이 많은 숙련자일수록 배경의 자세한 부분까지 충실하게 구성함
  - 화면 구성 요소를 알차게 구성할수록 질적으로 향상된 작품을 만들 수 있음
- 완성도 높은 콘텐츠의 장면을 캡처하여 인물과 사물의 배치, 간격, 크기, 색 등을 자세히 살펴봄
  - 동영상으로 보면 자세한 부분을 기억하기 어려워 캡처하여 꼼꼼히 보는 것이 도움 됨
  - 캡처한 것을 참고하여 장면 연출을 연습해 봄

예상 문제점

- 실제 본인 작품에 (배운 대로) 적용하기 어려움. 색감, 배치, 구도 등을 적용한 후 잘 되었는지 판단이 어려울 수 있음
  - 배경은 전체 분위기를 살리는 것은 물론 인물과 사물, 사물 간의 어울림도 고려해야 하는데, 초보자에게는 아직 버거울 수 있음
- 배경 꾸미기에 너무 집중하여 주요 대상보다 비주얼이 과도해지면 시청에 방해될 수 있음
- 색을 언제 어떻게 상징적으로 사용해야 하는지 모를 수 있음
  - 색이 무엇을 의미하고, 어느 장면에서 왜 사용해야 하는지 알기 어려움

- 색과 배경 구성을 잘한 작품성 뛰어난 콘텐츠(영화, 잡지, 도서 등)를 의도적으로 접함
  - 사실 미적 감각에 대한 정답은 없음. 하지만 초보자는 아직 스스로의 판단 기준이 없어 검증된 작품을 보면서 눈과 실력을 키워야 함
    - 예1) 색을 중요하게 사용하는 영화 <언브레이커블(Unbreakable)>(M. 나이트 샤말란, 2000)
    - 예2) 시대가 지나도 여전히 뛰어난 작품성으로 인정받는 감독 '스탠리 큐브릭(Stanley Kubrick)'의 작품들
      <2001 스페이스 오디세이(2001: A Space Odyssey)>(스탠리 큐브릭, 1968)가 대표적인 작품 중 하나임
    - 예3) 패션잡지, 인테리어잡지, 디자인 관련 도서 등 색을 중요하게 다루는 이미지 모음집

(3) 동시 촬영, 단 한 번의 기회 | '볼보(VOLVO)' 트럭

•• 원작

자동차 회사 '볼보'의 트럭 광고이다. 안정감 있는 주행을 보여주기 위해 실제 테스트(실험) 장면을 녹화했다. 두 대의 트럭 지붕 위에 줄을 설치하여 둘 사이를 잇는다. 트럭과 트럭 사이에서 줄타기하려고 설치한 것인데, 정지한 상태가 아닌 주행을 하면서 줄 위를 걸어가는 것이다. 큰 요동 없이 안정감 있게 주행함을 보여주려는 목적이다.

여기에서 끝나지 않고, 트럭 두 대는 터널을 지나갈 것이다. 그런데 터널 하나에 두 대가 동시에 입장하는 것이 아니라, 트럭 한 대당 터널 하나로 각각 들어간다. 터널과 터널 사이에는 벽이 있어 만약 줄타기하는 사람이 터널에 들어가기 전에 다른 트럭 쪽으로 완전히 넘어가지 못하면, 벽에 부딪혀 사고가 발생한다. 줄 타는 사람은 세계 챔피언이고, 만일에 대비하려고 의료진과 스턴트 스텝도 대기 중이지만, 사실 너무 위험한 실험이다. 안정감 있는 트럭이라도 보는 입장에서는 긴장을 안 할 수가 없다.

촬영의 기회는 한 번뿐이다. 그래서 카메라 여러 대로 최대한 다양한 촬영본을 얻어야 한다. 그래야 사실적인 컷으로 긴장감을 생생하게 전달할 수 있기 때문이다. 볼보 광고에서는 촬영감독이 직접 트럭에 타고, 줄타기 챔피언 몸에 카메라를 달고, 헬기도 동원하여 현장의 생동감을 그대로 담았다.

•• 티칭 포인트

"동시 촬영, 단 한 번의 기회"

레퍼런스 활용 방법

- 동시에 여러 각도와 위치에서 촬영할 때 화면 구성의 다양성을 배울 수 있음
  - 연출된 장면은 몇 번의 테이크가 허용되지만, 실험이나 사실을 중요시하는 촬영은 테이크 횟수가 적음
  - 이럴 경우 여러 카메라로 한 번에 촬영해야 하는데, 카메라를 어디에 두고 화면의 사이즈는 어떻게 구성해야 하는지 등 난감할 수 있음
- 저예산이나 1인 미디어 촬영에서는 여러 휴대폰으로 동시 촬영을 진행하기도 함
  - 액션캠도 여러 컷 중 하나임
  - 대체적으로 작은 공간에서 촬영하여 주로 미디엄 숏이나 클로즈업 숏으로 구성됨
    예) 요리 방송

예상 문제점

- 저예산이라 많은 인력 동원이 어려워, 카메라 수대로 인력 배치가 불가능할 수 있음
  - 한 사람이 여러 대의 카메라 녹화 버튼을 순차적으로 누르거나, 리모컨으로 조절하는 등 몇몇 카메라는 무인으로 녹화해야 할 수 있음
- 기회는 한 번뿐이라 실제처럼 리허설을 많이 해야 함
  - 하지만 실상에서는 비용, 시간, 인력 문제로 실제 촬영처럼 연습하기 어려움

추가 연습 방법

- 시뮬레이션 촬영 연습이 필요함

- 축소 모형을 만들어 작게 여러 번 연습함

  예) 농구 경기의 (감독이 선수들에게 설명할 때 사용하는) 작전판, 체스, 장기 같이
    현장의 축소 모형을 만듦
- 정교하게 만들지 않아도 됨. 연습용으로 간단하게 제작함
- 모형 연습은 여러 카메라의 동시 촬영 연습에 효과적임

(4) 인테리어와 의상으로 느끼는 시대 배경
| '필립스(PHILIPS)' 색상 조명

•• 원작

필립스의 색상(Hue) 조명 광고이다. 백열전구가 상용화된 (1879년) 이후로 우리의 삶은 많은 변화를 겪었다. 전자제품, 편리한 가구, 의복 등 더 나은 삶을 위한 물질이 발전되어 왔다. 그런데 가정에서의 조명은 다른 변화에 비해 상대적으로 오랜 시간 그대로 유지되었다. 필립스는 이점을 우리에게 알려주며, 자신이 새롭게 만든 색상 변화 조명을 소개한다.

광고는 한 편의 연극 무대를 보는 것 같은 느낌이다. 시대 변화에 따른 가정의 모습을 '거실'이라는 공간을 통해 전달한다. 카메라는 움직이지 않고 무대처럼 보이는 거실을 찍고, 인테리어, 소품, 인물의 의상과 헤어스타일 등은 계속 바뀐다.

1800년대 후반부터 현대 모습의 가정까지 빠르게 플레이된다. 광고의 전반은 조명 변화 없는 가정의 모습을, 후반은 '필립스 색상 조명'이 등장한 가정의 모습을 보여준다. 게임할 때, 공부할 때, 영화 볼 때, 로맨틱한 분위기가 필요할 때, 각 상황에 맞게 조명의 색이 어떻게 적절하게 바뀌는지 자세히 보여준다.

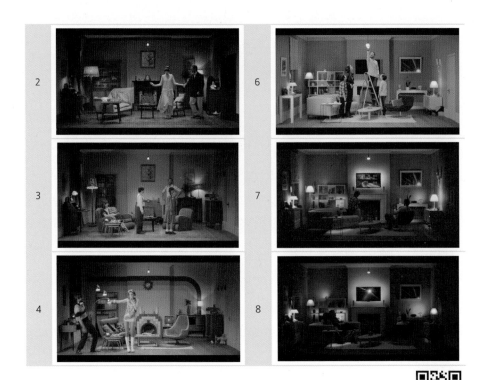

•• 티칭 포인트

"인테리어와 의상으로 느끼는 시대 배경"

우리가 주목할 부분은 전반부의 시대 변화에 따른 연출이다. 말로 설명
하지 않아도 바로 어느 시대인지 알 수 있는 비주얼 요소들이 있다. 벽지 색
과 모양, 문, 커튼, 카펫, 액자 속 그림, 가구의 질감, 쿠션 디자인, 화병 모
양, 전화기 모양과 색, 장난감, 인물의 헤어스타일 등이다. 이 작은 부분이
하나하나 모여 시대 변화라는 커다란 메시지를 만든 것이다. 이번 예제는 전
체적인 표현 감각뿐 아니라, 비주얼 요소를 자세히 살펴볼 기회이니 꼼꼼하
게 공부하면 좋겠다.

레퍼런스 활용 방법

- 지금과 다른 시대(과거, 미래)를 보여주고 싶다면, 또는 시대 변화가 중요한 콘텐츠라면 세트를 구성하는 감각을 키워야 함
  - 가장 쉬우면서도 먼저 할 일은 각 시대를 대표하는 자료를 많이 접해야 함
  - 인테리어, 역사 등을 함께 공부하면 비주얼 표현력의 폭이 넓어짐
- 화면 속에 등장하는 모든 비주얼 요소에 제작자는 책임을 져야 함
  - 눈에 쉽게 들어오는 가구, 큰 소품, 인물의 의상처럼 굵직한 것 외에 작은 것도 함께 고려함
  - 물론 이는 프로덕션 디자이너(세트, 배경 등 아트를 담당하는 전문인력)나 헤어와 메이크업 아티스트의 전문 영역이고, 그들의 도움을 받아야 하는 것은 당연함
  - 하지만 제작자의 연출력을 높이기 위해서는 비주얼에 관련된 요소를 제대로 알고 있어야 함. 그리고 소규모 프로젝트에서는 예산 문제로 전문가의 도움을 받지 못 할 수도 있어 이에 대비해서라도 연출자가 알고 있어야 하는 부분임

예상 문제점

- 화면을 구성하는 비주얼 요소는 예산과도 직결되는 문제임
  - 표현력이 좋고, 콘티가 탄탄하더라도 이를 뒷받침 해줄 수 있는 예산과 기술이 없으면 불가능함
  - 저예산, 1인 미디어, 초보자의 가장 큰 난관 중의 하나가 예산임. 알면서도 어쩔 수 없이 포기하는 부분이 발생함

추가 연습 방법

- 패션 디자이너, 패션의 역사 등에 관심을 갖고 살펴봄
  - 전체적인 인테리어나 소품으로 시대 배경을 표현하는 것보다 인물의 모습으로 시대를 표현하는 것이 예산 측면에서 효율적임
  - 패션 공부는 의상뿐 아니라 (머리부터 발끝까지) 인물 표현 전체를 공부할 수 있는 방법임
- 100년 이상 된 패션 브랜드를 하나 선택하여 그 브랜드의 디자인 변화를 공부함

- 그 당시의 사회 문화도 함께 살펴볼 좋은 기회임
- 시대별 패션쇼를 보면 의상뿐 아니라 콘셉트, 무대 배경도 함께 공부할 수 있어 비주얼 요소를 보는 눈과 연출 감각을 동시에 키울 수 있는 기회이기도 함

(5) 배경이 메시지 그 자체 | '보스(BOSE)' 헤드폰

•• 원작

사운드 장비 전문 회사 '보스'의 헤드폰 광고로 '노이즈 캔슬링(주변 소음 차단)'기능을 알리는 목적으로 제작되었다. '헤드폰을 쓰면 주변에 아무도 없이 혼자 있는 느낌이다'라는 메시지를 전한다.

광장, 도로, 지하철 등 넓은 장소가 연속적으로 등장한다. 그곳에는 아무도 없고 단 한 명의 사람만 헤드폰을 쓰고 춤을 춘다. 넓은 곳에서 자유롭게 음악에 몸을 맡기는 모습이 부러울 정도로 여유로워 보인다. 한참을 혼자 즐기는 모습을 보여주다 갑자기 화면이 바뀌는데, 못 보던 사람들이 한꺼번에 많이 등장한다. 편집이 잘못되었거나 제작자의 실수로 이상한 장면이 들어간 것이 아니다. 원래는 이렇게 사람이 많은데 노이즈 캔슬링 기능 덕분에 아무도 없는 것처럼 느꼈음을 보여준 것이다. '아무도 없는 배경'을 통해 핵심 메시지를 간결하면서도 강하게 전달했다.

•• 티칭 포인트

"배경이 메시지 그 자체"

레퍼런스 활용 방법

• 장소의 중요성에 대해 알고, 장소 찾기(섭외 포함)에 충분한 시간을 투자해야 함을 배움
  - 촬영 준비에서 중요한 일 중 하나가 '장소 찾기'임
  - 뜻하지 않게 장소를 못 구하거나 좋은 장소를 찾아도 스케줄이 안 맞는 등 변수를 대비해 시간적 여유를 충분히 두고 준비해야 함
  - 촬영 노하우, 인테리어, 색감, 조명 모두 중요하지만, 이 모든 것의 배경이 되는 장소가 적합하지 않으면 그 위에 올려지는(얹히는) 것은 빛을 발하기 어려움

예상 문제점

• 검색으로 좋은 장소를 찾더라도, 실제 촬영할 수 없는 경우가 있음

- 예산 부족, 너무 먼 거리, 촬영 불가 장소, 스케줄이 맞지 않음 등의 이유로 촬영 불가능한 경우가 발생함
- 대체 장소 찾기, 스토리 일부 수정하여 배경 설정 바꾸기 등 계획이 변경될 수 있음

추가 연습 방법

• 평소에 길을 가다가 특이하거나 나중에 촬영 장소로 활용하면 좋겠다고 생각되는 곳이 있으면 사진을 찍어둠
- 좁은 골목, 계단이 많은 곳 등 검색하여 찾아볼 수 있지만, 내가 원했던 느낌의 최적의 장소가 아닐 수 있음(검색이 해결하지 못하는 부분이 있음)
- 때로는 저장해 둔 사진을 보면서 스토리 아이디어가 떠오르기도 함. 참고 자료로도 활용할 수 있음

(6) 메시지에 초집중한 소재와 색감 | '히스케(Risqué)' 매니큐어

•• 원작

브라질 매니큐어 브랜드 '히스케'의 광고이다. '부드럽게 잘 발린다'라는 메시지를 '플라잉 요가(Flying yoga)'를 통해 전달한다. 플라잉 요가는 해먹(Hammock)을 이용해 공중에서 하는 요가로 전통 요가 동작에 필라테스와 춤을 섞은 운동이다. 플라잉 요가라는 명칭은 우리나라에서 주로 불리는 용어이고, 해외에서는 '에어리얼 요가(Aerial yoga, 공중 요가)' 또는 '안티 그래비티 요가(Anti-gravity yoga, 반중력 요가)'로 불린다.

광고는 제품을 먼저 보여주며 시작한다. 부드러운 직물 위에 브라운 계열의 매니큐어 다섯 병이 보인다. 그리고 바로 다음 장면은 플라잉 요가로 바뀌고, 이때 인물이 입은 의상과 해먹의 색은 앞 장면에서 본 제품의 색(브라운 계열)과 일치한다. 해먹 위에서의 요가 동작과 매니큐어를 바른 손의 클로즈업 이미지가 어우러져 부드러운 제품의 특징을 잘 전달했다.

"메시지에 초집중한 소재와 색감"

레퍼런스 활용 방법

- 전달 메시지를 시각적으로 풀어내는 것을 연습함
  - '히스케' 광고에서는 메시지를 최대한 간단하게 '부드러움'이라는 단어로 줄였고, 이
    러한 느낌을 대신해 줄 소재인 '플라잉 요가'를 선택했음
  - '제품(매니큐어) → 부드러움 → 플라잉 요가' 순서로 아이디어를 진행함
  - 의상과 해먹 색(브라운 계열)을 제품 색에 맞춘 것 또한 메시지 전달 효과를 높이
    는 아이디어임

- 메시지와 연결되는 소재를 찾는 것은 많은 시간과 연습이 필요한 작업임
  - 메시지를 키워드로 함축할 수 있는 작업, 키워드를 시각적으로 풀어낼 소재를 연결하는 작업 두 가지 실력을 모두 갖춰야 함
- 본인의 아이디어를 시청자가 공감하지 못 할 수도 있음
  - 억지스럽거나 추가적으로 언어적 설명이 필요한 아이디어라면 다시 처음부터 고민해야 함

추가 연습 방법

- 어떤 대상을 보고 떠오르는 생각과 느낌을 정리해 두면 아이디어가 막힐 때 찾아보는 자료 모음집이 됨
  - 플라잉 요가를 보면 '부드러움' 외에도 '유연함', '아름다움', '강한 근력', '파워', '지탱할 수 있는 끈기' 등 다양한 생각을 할 수 있음
  - 하나의 소재에 떠오르는 느낌을 자주 적어보고, 어떤 단어가 가장 어울리는지 우선순위도 정해 보는 등 연습을 꾸준히 해야 함

(7) 카메라 렌즈를 사람 눈처럼

| 'Macular Society' 황반 시각 질환 자선 단체

●● 원작

영국의 황반(망막 반점) 관련 시각 질환자를 위해 만든 동영상이다. 영국에서 발생하는 시각 장애의 많은 부분이 황반 질환이라고 한다. 그래서 'Macular Society(황반 시각 질환 자선 단체)'는 이를 잘 모르는 사람을 위해 간접 경험할 수 있는 공익 광고를 만들었다.

1인칭 시점으로 촬영했고, 시청자가 체감할 수 있게 화면 가운데를 검은색(얼룩)으로 가렸다. 내용은 엄마의 시점으로 아들의 성장을 바라보는 것이다. 어린 아들과 같이 놀고, 공부하고, 먹으며 즐거운 시간을 보내다 어느 순간, 시야에 검은 반점이 생겨 앞이 잘 보이지 않는다. 아들이 성장하면서 반점도 커져 아들이 성인이 되었을 때는 반점이 시야 전체를 가릴 정도가 된다. 이렇게 서서히 진행되는 질환의 심각성을 시청자가 잠깐이나마 체험하도록 1인칭 시점으로 촬영했다.

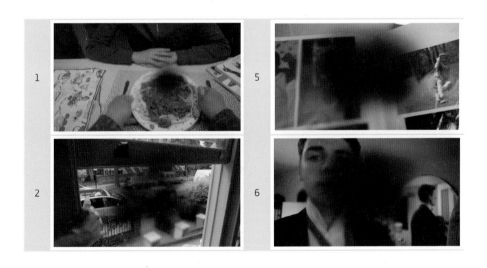

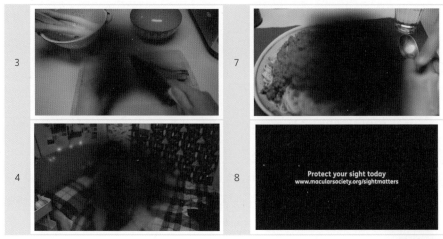

•• 티칭 포인트

"카메라 렌즈를 사람 눈처럼"

시점 촬영은 많은 사람이 흥미로워하는 촬영 중 하나이다. 초보자 중에는 (스토리 전체는 아니더라도) 일정 부분을 시점 촬영하고 싶어 노하우를 묻는 경우가 종종 있다. 그들에게 가장 많이 받는 질문 중 하나는 '어떤 트릭(Trick, 속임수)을 사용해야 진짜 1인칭처럼 보일 수 있느냐'이다. 사실 액션캠(머리나 가슴 등 신체에 달고 촬영하는 카메라)이 발전하면서 1인칭 시점으로 찍은 동영상이 많아지긴 했다. 하지만, 이는 카메라를 손으로 들고 찍을 수 없는 상황에서 인물이 보고 경험하는 그대로 녹화하는 동영상이다.

이러한 촬영이 아닌 이상 연출된 동영상의 1인칭 촬영은 전문 카메라 감독이 '1인칭처럼 보이게' 촬영한 것이다. 배우의 머리가 움직이면 카메라도 살짝씩 움직여주고, 손과 발을 바라볼 때는 하이 앵글(High Angle)로 촬영하여 내려다보는 느낌이 들게 한다. 대부분 자신의 신체 부위를 바라볼 때 시점이 위에서 아래로 향하기 때문이다. 이렇게 장면마다 상황에 맞게 촬영하는 것인데, 초보자에게 가장 좋은 방법은 프로가 찍은 화면을 보며 연습하는 것이다. 실제 내가 바라본 대로 찍었다 하더라도 시청자가 보기에는 일반 숏(1인칭 시점이 아닌 숏)처럼 느껴질 수 있기 때문이다. 전문가 촬영을 참고하여 연습하고, 거기에 사용된 기법을 익히면 많은 도움을 받을 수 있다.

레퍼런스 활용 방법

- 시점 촬영은 효과적인 시각 표현 중 하나로 스토리에 적합하다면 시도해 보는 것이 연출력 향상에 도움 됨
  - 쉬운 촬영이 아니어서 예상보다 시간이 더 걸릴 수 있음. 사전 모의 촬영을 충분히 해야 함
- (연습하더라도) 시행착오를 대비해 촬영과 편집 스케줄을 여유롭게 잡음
  - 촬영 당시에는 만족스러울지라도 막상 편집 때 어색해 보일 수 있음
  - 재촬영을 할 수도 있어 스케줄의 여유가 있어야 함

예상 문제점

- 'Macular Society'처럼 화면을 검은색으로 가리는 추가 작업이 필요하다면, 어느 장면에서 사용할지 계획해야 함
  - 깨끗한 렌즈로 촬영하고 후반 작업에서 추가하는 것이지만, 기획 단계부터 계획이 있어야 여기에 맞춰 화면 속 대상의 위치를 잡을 수 있음
- 사람 시점 이외에도 동물이나 신발 등 사람의 키보다 낮은 위치의 시점 촬영도 있음
  - 촬영 방법에서 크게 달라지는 것은 없지만, 높이가 낮아져 촬영 시 불편함이 있을 수 있음
  - 낮은 삼각대나 카메라를 고정할 장치 등이 추가적으로 필요할 수 있음
  - 동물 시점 촬영 예(아래 캡처 화면 참고)
    'ASPCA(American Society for the Prevention of Cruelty to Animals, 미국 동물 학대 방지 협회)' 광고

추가 연습 방법

- 콘티 작업에서부터 시험(모의) 촬영하는 것이 시간을 단축할 수 있음
  - 상상만으로 해결하지 못하는 부분이 발생할 수 있음. 콘티 작업 중 시험 촬영하여 가능성 판단 후 완성된 콘티를 만드는 게 시행착오를 줄일 수 있음
- (정해진 스토리 없이 자유롭게) 시점 촬영을 연습하고 싶다면, 사람, 동물, 신발 등 다양한 높이별로 연습해 봄
  - 참고 자료를 보고 공부하는 것도 좋고, 여력이 된다면 이 시점으로 잠깐 생활해 보는 것도 좋음
  - 동물 시점이라면 일어나지 않고 앉은 높이에서 사물을 바라보고 움직이면서 사람의 시점과 어떤 점이 다른지 비교해 봄

(8) 매칭을 통한 화면 전환의 강한 효과

| '운전 중 문자 사용 금지' 광고(라트비아 공화국)

●● 원작

라트비아 공화국의 '도로 교통 안전국(Road Traffic Safety Department)'에서 제작한 '운전 중 문자 사용 금지'에 관한 공익 광고이다. 취조실처럼 보이는 방에 두 사람이 마주 보고 있다. 각자 명찰을 달고 있는데, 한 명은 'ROAD (길)', 다른 한 명은 'DRIVER(운전자)'라고 적혀있다. ROAD가 천장 위에 달린 조명을 흔들자 조명이 그네처럼 움직이며, 인물을 번갈아 가며 비춘다.

책상 위에 놓인 휴대폰에 문자 알림 소리가 들린다. DRIVER가 문자를 확인할까 말까 하는 표정을 짓는다. ROAD는 이런 행동을 하는 DRIVER를 노려보다가, 경고의 의미로 이마에 딱밤을 때린다. 딱밤을 맞고도 DRIVER가 문자 확인을 포기하지 않자 ROAD가 주먹을 쥐고 강한 펀치를 날리려고 하는 순간 장면이 바뀐다.

바뀐 장면에는 DRIVER가 운전을 하고 있다. 오른손에는 휴대폰을 들고 화면을 보고 있다. 문제는 반대편에서 대형차가 달려오고 있는 것이다. 시청자가 걱정할 틈도 없이 눈 깜짝할 사이에 두 차는 충돌한다.

실제 알리고 싶은 내용은 후반부이지만, 그 장면만 보여주면 지금 같은 임팩트는 없을 것이다. 그래서 비유적인 표현을 사용하여 전반부의 스토리를 이끌어갔다. 그리고 '운전 중 휴대폰 문자 사용'이 얼마나 위험한 행동인지 후반부에 강하게 알려준다. '취조실'이라는 가상의 공간과 운전 중인 '차 안'이라는 실제 공간을 '화면 전환'을 통해 연결했고, 전환 시 '충돌'이라는 매개체를 사용하여 강한 효과를 주었다.

●● 티칭 포인트

"매칭을 통한 화면 전환의 강한 효과"

레퍼런스 활용 방법

- 이미지 요소(인물의 동작, 배경 요소, 소품 등)를 일치시킨 앞뒤 화면 전환을 연습함
- 전체 스토리 중 어느 부분에 이미지 매칭을 넣어 메시지를 강조할지 정함
  - 이미지 매칭 전환을 시도하는 것은 좋지만, 자주 사용하면 오히려 효과가 절감될 수

있음을 유의함
- '운전 중 문자 사용 금지'의 경우 전환 효과를 마지막에 한 번만 사용함
  (주먹을 날리는 장면에서 자동차 충돌 사고로 이어짐)
- 전환을 통해 메시지를 강조했을 뿐 아니라 반전 효과까지 가져온 좋은 예임

예상 문제점

- 매칭으로 인한 화면 전환은 스토리 계획에서부터 계산해야 함
  - 콘티 작업에서 잘 준비해야 매칭 가능한 촬영본을 찍을 수 있음
  - 후반 작업(편집)만으로 이뤄지기는 어려움

추가 연습 방법

- 모의 촬영해보는 것이 좋음. 추가로 자료(영화, 드라마 등)에서 이미지 매칭을 찾아봄
  예) 영화 <아마데우스(Amadeus)>(밀로스 포만, 1984)는 '인물 동작 매칭'을 볼 수
      있는 좋은 예임
  - 앞뒤 화면의 사이즈, 화면 속 인물(소품)의 위치와 크기 등이 어떻게 자연스럽게 이
    어지는지 장면을 캡처하여 살펴봄
- 모의 촬영 후에는 편집까지 진행하여 화면의 이어짐을 실제 확인함
  - 앞뒤가 안 붙는 경우가 있고, 붙어도 앞뒤 화면 속 인물의 위치나 소품의 사이즈가
    안 맞아 어색할 수 있고, 오히려 이미지 매칭보다 깔끔하게 컷을 하는 게 나을 수
    도 있음

(9) 메시지 전달에 최적의 장소를 찾다
| '실릿 뱅(Cillit Bang)' 다목적 세제

•• 원작

얼룩, 묵은 때, 기름기 등을 닦고 청소할 때 사용하는 다목적 세제 '실릿 뱅'의 광고이다. 이번 광고는 '장소가 다 했다'고 할 정도로 메시지 전달의 최적의 공간에서 촬영했다. 웬만해선 잘 지워지지 않는 기름과 얼룩이 많은 곳, 자동차 정비소가 그 주인공이다. 생각만 해도 다목적 세제가 할 일이 많아 보인다.

넓은 자동차 정비소에 인물 한 명이 등장하고, 그는 곳곳을 다니면서 스프레이 세제를 뿌린다. 그냥 걸어 다니면서 무심히 뿌리는 게 아니고, 아주 신나게 춤을 추며 뿌린다. 춤을 아무나 추는 것보다 전문가가 정말 멋진 춤을 추면 표현력과 작품 완성도가 올라갈 것이다. 그래서 댄서겸 안무가 '다니엘 클라우드(Daniel Cloud)'를 배우로 등장시켰다.

노래는 영화 〈플래시댄스(Flashdance)〉(애드리안 라인, 1983)의 삽입곡으로 유명한 '매니악(Maniac)'이고, 박진감 넘치고 절로 춤이 춰질 정도로 신나는 음악이다. 전문가의 멋진 댄스와 함께하니 보고 듣는 재미가 상당하다.

장소 선택이 뛰어난 이유가 또 있는데, 일하는 공간이어서 화장실과 직원용 주방도 있어 (다목적 세제로) 여기도 청소할 수 있기 때문이다. 주인공은 이곳도 빠짐없이 청소하며 세제의 장점을 박진감 있게, 멋지게, 신나게 보여준다.

2

3

4

5

6

8

9

10

11

12

●● 티칭 포인트

"메시지 전달에 최적의 장소를 찾다"

레퍼런스 활용 방법

- 적합한 촬영 장소는 콘텐츠의 분위기를 살려줄 뿐 아니라 메시지 전달의 핵심 요소로 사용될 수 있음
  - '실럿 뱅' 광고처럼 장소(자동차 정비소) 하나로 메시지가 통합적으로 전달될 수 있음 (자동차 정비소에는 수리 공간만 있는 것이 아니라 화장실과 주방도 있음)
  - '실럿 뱅'은 배경의 중요성을 한 번 더 실감하게 해주는 좋은 예임
- 장소를 활용할 수 있는 표현 방법을 찾는 것 또한 주요 아이디어임
  - '실럿 뱅'에서는 정비소(장소)의 얼룩을 닦기 위해 전문 댄서의 춤(표현 방법)을 활용함

예상 문제점

- 규모(예산)가 큰 촬영에서는 '로케이션 매니저(Location manager)'의 전문적인 도움을 받아 적합한 장소를 고를 수 있음. 하지만 저예산(또는 개인) 촬영에서는 전문가만큼 최적의 장소를 찾기 어려움
  - 대부분 저예산 촬영이나 1인 미디어 콘텐츠는 무료 장소나 작은 스튜디오를 사용함
  - 저예산에서는 좋은 장소를 발견해도 비용적으로 무리라면 포기해야 함

추가 연습 방법

- 작업의 순서를 바꾸는 것도 방법이 될 수 있음
  - 스토리를 모두 작성한 후 적합한 장소를 찾는 것보다, 대략적인 스토리가 나온 후 장소를 찾은 다음 구체적으로 시나리오를 쓰는 방법임
  - 대략적인 스토리 → 연관된 장소 찾기(촬영 가능한 곳) → 스토리의 살을 붙여 나감
  - 이때 장소는 본인이 가진 예산 범위 안에 있고, 실제 촬영 가능한 곳이어야 함

(10) 단숨에 시간 압축

| '프레스쿨리스(Freskoulis)' 신선 식품(그리스)

●● 원작

'갓 수확한 채소, 매대까지 24시간 안에(From farm to shelf within 24 hours)'라는 카피를 시각적으로 표현한 광고이다. 농부가 양상추를 밭에서 뽑아 공을 던지듯 하늘을 향해 힘껏 던진다. 양상추가 빠른 속도로 날아가며 바람에 잎이 떨어지기도 하고, 비에 씻기기도 한다. 농장에서 도시로 들어올 때쯤, 못 보던 적색 양상추도 함께 섞여 날아가고 있는데, 적색 양상추는 다른 농장에서 던진 것이다. 양상추들은 서서히 몸통이 갈라지면서 여러 조각으로 나뉘고, 조각난 양상추는 비닐봉지에 담긴다. 마지막으로 그 봉지는 신속하게 식품 매장 진열대에 도착한다.

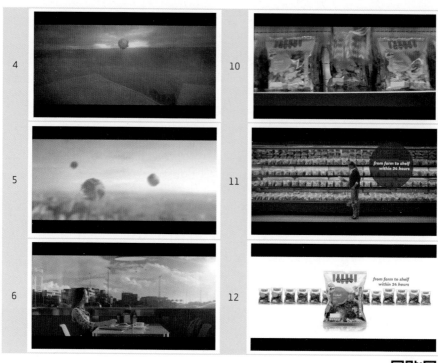

• • 티칭 포인트

"단숨에 시간 압축"

레퍼런스 활용 방법

- 동영상에서 시간을 압축하는 독특한 방법을 배움
  - 보편적으로 사용되는 방법은 후반 작업에서 속도를 빠르게 하는 방법인데, '프레스 쿨리스'는 색다른 유형을 택함
  - '프레스쿨리스'처럼 스토리 자체를 '시간 압축'으로 만들 수 있음
- 참고적으로 '타임 랩스 촬영(Time-lapse photography)'이라 불리는 저속 촬영 방법도 함께 공부할 기회임

- 시간을 압축한 또 다른 형태로 한 장면 속의 변화를 오랜 시간 촬영하는 것임
  예) 구름이 이동하는 모습, 꽃이 피는 모습 등
- 모든 장면을 담지 않고 일정 주기를 두고 띄엄띄엄 촬영하여 연결함
- 타임랩스 촬영을 실외에서 할 경우 그 자리를 지키고 있어야 하고, 장시간 소요되는 촬영이라 초보자에게는 어려울 수 있음
- 하지만 타임랩스 자료를 살펴보는 것은 시간 압축에 대한 아이디어의 폭을 넓힐 수 있어 시간 관련 촬영에서 함께 공부하면 도움이 됨

예상 문제점

- '프레스쿨리스'처럼 스토리상에서 빠른 시간의 흐름이 필요한 상황이어야 함. 그리고 자연스럽게 표현되어야 함
  - '프레스쿨리스'에서는 양상추가 빠르게 날아가는 것만 보여준 것이 아님. 장소 변화, 기후 변화, 빠르게 날아가는 양상추를 바라보는 사람의 표정 등 여러 요소가 함께 섞여 자연스러운 스토리텔링이 되었음
  - 시간의 빠른 흐름에만 초점을 두고 다른 요소들을 놓치면, 작품의 완성도가 떨어질 수 있음

추가 연습 방법

- 시간 압축을 다룬 동영상의 예고편을 만들어 봄. 여러 컷으로 많이 찍지 않고 간단하게 몇 컷으로 만들어 봄
  - 최종적인 결과물을 봐야 본인의 장단점을 파악할 수 있음
  - 모든 장면을 만들 수는 없고, 시간이 많이 소요되면 제작자에게 부담스러우니 주요 장면 중심으로 만들어 봄
  - 편집 후 완성된 예고편을 보고 배우는 점도 있지만, 촬영 중 시행착오를 겪으며 배우는 점도 있음

(11) 특이한 로케이션 활용은 이렇게 | '나이키' 운동화

•• 원작

나이키 에어 베이퍼맥스(AIR VAPORMAX) 운동화 광고이다. 그동안 봐왔던 운동화 광고와는 조금 다른 점이 있다. 촬영 '장소'이다. 일반적인 운동화 광고는 기능이나 편안한 착용감을 보여주기 위해 장소보다는 운동하는 모습이 중심이 된다. 그런데 이번에는 다른 것보다 '장소'가 의미하는 바가 크다. 끝이 보이지 않을 정도로 개수가 많은, 보기만 해도 숨이 찰 정도의 계단이 나온다. 나이키는 이 계단을 '불가능한 계단(IMPOSSIBLE STAIRS)'이라고 한다. 왜 이렇게 특이한 계단을 골랐을까?

광고는 배우가 등장하여 계단을 하나씩 오르면서 진행된다. 오를 때마다 운동화의 색과 디자인이 바뀐다. 이번 제품은 색과 디자인이 다양해 그 점을 강조하고 싶어 계단을 오를 때마다 바뀌는 내용으로 진행한 것이다. 배우도 신나는지 운동화가 바뀔 때마다 즐거운 표정이다.

여기서 끝나지 않는다. 성능의 우수함도 어필하려고 계단을 오르면서 발뒤꿈치를 들고 한 바퀴를 도는 등 다양한 움직임의 구현도 보여준다. 계단을 오르면, 힘들고 지친 표정이어야 하는데 그런 기색 없이 가볍게 오른다. 편안함도 함께 어필하는 것이다.

카피 문구는 'AIR TO MOVE YOU FORWARD(앞으로 나아가게 해주는 AIR)'이고, 'AIR(에어)'는 이중의미로 사용되었다. 첫 번째 의미는 말 그대로 '공기'로, 신발에 들어있는 공기 덕분에(좋은 성능 덕분에) 앞으로 잘 나아갈(걸어갈, 뛸) 수 있다는 뜻이다. 두 번째는 신발 이름인 AIR VAPORMAX의 'AIR'를 따온 것으로 '신발' 자체를 의미한다. 의역하면 '당신을 앞으로 나아가게 해주는 신발'이라는 의미이다.

●● 티칭 포인트

"특이한 로케이션 활용은 이렇게"

레퍼런스 활용 방법

- 평범하지 않은 장소가 콘텐츠에 어떻게 활용되는지를 배움
  - 장소 스크랩(촬영 장소로 적합한 곳 사진 찍어두기)의 중요성을 한 번 더 느끼는 기회임
  - 장소 스크랩이 익숙해지면, 관심 없던 장소도 다시 보게 되고 쓱 봤던 장소도 구체적으로 보이기 시작함
  - 나아가 어느 위치에서 찍으면 좋을지 카메라 앵글과 사이즈도 생각하게 됨
- (추가 공부로) 촬영 장소의 허가, 예약, 정보 등에 대한 준비성을 배움
  - 촬영 장소 허가를 받아야 하는데, 거절의 문제점이 발생할 수 있음
  - 스크랩해둔 장소가 촬영 불가능 지역일 수 있고, 스케줄이 맞지 않아 촬영을 못 할 수도 있음
  - 초보자는 경험 부족으로 이런 사항에 대해 알기 어려움. 장소 문제로 스토리 수정 등의 뜻밖의 변수가 있을 수 있으니 사전 대비를 해야 함

예상 문제점

- 특이한 장소는 시청자가 배경 사용 목적(왜 거기에서 촬영했는지)을 이해할 수 있어야 함
  - 나만 생각하기에 좋은 장소로 끝나면 안 됨. 장소를 선택한 이유가 콘텐츠 내용과 연결되어야 함
  - '나이키'의 경우 다양한 색과 디자인, 성능의 우수함을 보여주기 위해 계단이 많은 곳을 택함

- 만약 '나이키'에서 계단이 아닌 평지에서 촬영했다면, 지금 같이 강한 전달력은 없을 것임

추가 연습 방법

• 장소를 메시지(스토리) 구성의 한 요소로 보는 연습을 함
  - 영화, 드라마, 광고 등 스토리텔링이 분명한 자료를 찾아 장소가 어디인지 살펴봄
  - 어떤 기획 아이디어로 그 장소가 선택되었는지, 다른 대안은 없었는지, 본인이 제작자여도 그 장소에서 촬영할 것인지 등을 예측 및 분석함

(12) 캐릭터 특징을 살리는 쉬운 방법? 의상!

| '스포티파이(Spotify)' 음악 스트리밍

•• 원작

음악 스트리밍을 제공하는 '스포티파이' 광고로 '가족 플랜(Family Plan)' 서비스를 알린다. 가족 취향에 따라 다양한 노래가 많이 있다는 것을 어필하기 위해 말 그대로 다양한 가족을 등장시켰다. 가족별로는 한 가족임을 알아보기 쉽게 의상을 통일해서 입혔다. 의상만 봐도 그 가족이 좋아하는 음악 스타일을 눈치챌 수 있다.

고풍스러운 옷과 가발을 쓴 가족이 클래식을 들으며 드라이빙을 즐긴다. 그러다 엄마가 힙합으로 노래를 바꾸자 가족의 의상이 힙합 스타일로 바뀐다. 이 가족 외에 검은 옷을 입은 가족, 줄무늬를 입은 가족, 해변가에 어울리는 셔츠를 입은 가족 등이 등장한다. 가족별로 좋아하는 노래가 다름을 나타내기 위한 시각적 표현이다. 마지막에는 수술 장식이 달린 옷을 입고 요들(Yodel)을 부르며 한 가족이 등장한다. 이렇게 클래식, 힙합, 팝, 전통 민요까지 스포티파이는 광범위한 음악 스트리밍이 가능하다는 것을 의상을 통해 쉽게 전달했다.

● ● 티칭 포인트

"캐릭터 특징을 살리는 쉬운 방법? 의상!"

레퍼런스 활용 방법

- '스포티파이'에서 캐릭터를 표현하는 방법은 의상(헤어, 소품 포함)임

- 일반적으로 대사가 없는 경우, 인물의 성격을 표현하기가 쉽지 않음. 하지만 의상으로 간단히 그 사람의 특징을 표현할 수 있고, '스포티파이'는 이를 잘 활용함
- '가족'이라는 같은 범위의 그룹을 의상으로 구분하여 특징을 살림
- 의상은 성격뿐 아니라 직업도 나타낼 수 있음
  예) 군인과 경찰의 제복, 의사의 수술 가운, 운동선수의 운동복 등

예상 문제점

- 의상이 가진 상징적 의미를 다양하게 알고 있어야 함
  - 사전 정보가 풍부해야 필요할 때 적합하게 사용할 수 있음
  - 주의할 점은 의상만 봐도 직업, 성격 등을 바로 캐치할 수 있을 정도로 대중적인 의상을 사용해야 함
  - 애매한 의상은 별 도움 안 되고, 시청에 방해될 수 있음

추가 연습 방법

- 특징을 대변해 주는 의상과 함께 그것에 어울리는 헤어스타일, 소품도 함께 공부함
  - 인물의 머리부터 발끝까지의 시각 요소가 모두 모여 하나의 캐릭터를 완성하는 것임
- 취향, 직업, 직위뿐 아니라 나라별, 시대별 의상도 함께 공부함
  - 의상을 구체적으로 볼 줄 알면, 캐릭터의 시각 표현 범위가 넓어짐

3. 세 번째 단계 Post-production: 편집, 사운드

(1) 카메라의 움직임을 살려주는 편집 | '인텔(intel)' 반도체

●● 원작

이번에 소개할 '인텔' 광고는 방영된 지 꽤 되었지만, 요즘 광고와 비교해도 손색없을 만큼 세련되고 완성도가 높다. 한편의 단편영화를 보는 것처럼 느껴질 정도이다. 내용은 인텔 코어 프로세서를 소개하는 것으로, 컴퓨터에서 사용하는 문서작성 프로그램, 동영상 플레이어, 그래픽 툴, 채팅, 게임, 웹페이지 등을 통해 이야기를 진행한다. 프로그램들이 메시지 전달 도구가 되는 것이다.

스토리는 '기밀문서를 적에게 빼앗기지 않으려는 첩보요원의 탈출기'이다. 창문으로 도망치고, 버스 위에 올라타고, 위장술로 모습을 바꾸고, 몸싸움하고, 자동차로 따돌리는 등 계속 피해 다닌다. 이러한 사건은 컴퓨터 속 윈도우(창) 안에서 일어나고, 첩보요원이 이 창에서 저 창으로 이동하는 형태로 시청자에게 보여진다.

이동 방향은 위아래, 좌우 다양하다. 기획 단계에서 계산된 시나리오이지만, 후반에서 이를 실감 나게 표현해줄 편집 실력이 뒷받침되지 않으면 지금 같은 멋진 작품이 나오지 않았을 것이다. 편집에서 어느 장면을 길게 또는 짧게 보여줄지, 어떤 크기로 줄이고 늘릴지, 전체 화면 속 어느 위치에 배치할지 등 탁월한 결정을 했다.

8

9

17

18

•• 티칭 포인트

"카메라의 움직임을 살려주는 편집"

레퍼런스 활용 방법

- 인물의 움직임을 극적으로 살리려면 촬영에서뿐 아니라 편집에서도 추가 작업이 필요함
  - '인텔'의 경우 카메라 이동 방향에 맞춰 편집에서도 화면을 이동함
  - 액션 신(Scene), 추격 신, 운동 신 등의 긴장감, 사실감, 박진감 등의 강조 효과가 있음
    예) 주인공이 위쪽 방향으로 이동하는 신에서는 윈도우 화면을 하나씩 위로 쌓아 올리면서 편집함
- 편집의 호흡과 리듬감을 살려주는 방법을 배움
  - 편집에서의 호흡은 장면별로 어느 부분에서 컷을 하고, 어느 부분에서 (컷 하지 않고) 계속 이어지게 하는지에 달려있음
  - 리듬감은 신을 전체적으로 봤을 때 장면의 길이(길거나 짧음)나 속도(빠르거나 느

린 화면)에 따라 달라짐
- 편집에서 리듬감은 상당히 중요한 부분임. 지루함을 피하고 장면을 더욱 실감나게 하고, 결과적으로는 효과적인 메시지 전달에 기여함
- 좀 더 강조하고 싶은 장면은 타이밍을 조금 더 주고, 그 외는 빠르게 지나가게 하는 등 시간을 배분하여 편집함

예상 문제점

• 인물의 움직임에 활동성을 부여하고, 현장 느낌을 극대화하는 편집이란 무엇인지 구체적으로 모를 수 있음
- 대부분의 초보자가 '컷 편집' 다음으로 배워야 할 것은 2D, 3D 작업이라고 생각함
- 하지만 툴 사용의 업그레이드보다 중요한 것은 '컷 편집'의 능숙함임
- 같은 툴로 작업자에 따라 결과물이 다른 것을 보면 어떻게 응용하느냐의 문제임을 알 수 있음
- 테크닉을 많이 아는 것도 중요하지만, 기본적인 컷 편집 실력이 뛰어나지 않으면 추가적인 테크닉이 불필요해 보일 수 있음

추가 연습 방법

• 가장 기초적인 방법으로 화면 사이즈에 변화를 주어 편집함 (편집 응용력을 키우는 것임)
- 1920x1080 등 정해진 사이즈에 맞추려고 하지 말고, 크기를 줄여 화면 안에서 움직이게 함
- 화면을 도화지라 생각하고, 이 도화지에서 자유롭게 놀 수 있다고 생각하며 편집함
- 원본에서 인물이 움직이는 방향을 따라가며 편집함 (화면을 이동하며 편집함)
- 좌우, 위아래, 원형 등 다양한 움직임을 줌. 때에 따라서 화면의 일부 영역만 사용할 수도 있음
- 하지만 맺고 끊음은 분명해야 함. 모든 스토리를 그렇게 편집하는 것은 아니고, 강조하고 싶은 부분만 골라 적용함

(2) 이미지와 사운드의 미스 매칭
| '베콜(BEKOL)' 청력 환자 기구(이스라엘)

●● 원작

'베콜'은 청력 질환으로 어려움을 겪는 사람을 위해 만들어진 기구이다. 청력에 이상이 생기면 바로 검사받게 하려는 목적으로 세 개의 시리즈 광고를 만들었다. 상황만 다를 뿐 같은 맥락의 내용으로 (이미지가 같더라도) 사운드에 따라 동영상의 내용이 어떻게 달라지는지를 보여준다.

첫 번째 광고는 아이가 곤히 잠들어 있고, 어른이 이불을 덮어주고 머리를 쓰다듬는다. 이상할 것 하나 없는 평범한 장면인데 사운드는 그렇지 않다. 기괴하고 섬뜩한 음악이 흘러나오기 때문이다. 사운드 하나만 추가되었을 뿐인데, 평화로운 느낌에서 공포스러운 느낌으로 바뀐다.

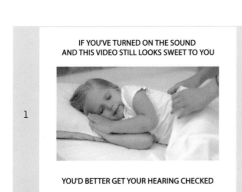

두 번째는 한 여자가 달려가고 있고, 누군가가 그 뒤를 쫓고 있다. 여자가 무서워 도망가는 느낌이고, 슬로모션으로 보여주어 긴장감이 더 든다. 하지만 음악은 경쾌하고 즐거운 느낌이라 음악과 함께 보면 친한 친구끼리 뛰어가며 장난치는 모습처럼 보인다.

세 번째는 서핑하는 여성의 즐거운 모습이 보인다. 그런데 사운드는 상어가 나타날 것 같은 날카로운 음악이 들려 곧 다음 상황이 공포로 바뀔 것 같은 느낌이다.

●● 티칭 포인트

"이미지와 사운드의 미스 매칭"

레퍼런스 활용 방법

- 사운드를 이용하여 의도적으로 내용이나 분위기를 바꿀 수 있음
  - '베콜'의 예처럼 이미지와 어울리지 않는 혹은 반대되는 느낌의 사운드로 내용을 다르게 바꿈
- 사운드의 중요성뿐 아니라 사운드 활용의 또 다른 아이디어를 배움
  - 일반적으로 사운드를 사용할 때 이미지와 어울리는 것을 선택한다면, 일부러 어울리지 않는(미스매치, Mismatch) 것을 선택하여 의미를 변형해 봄

예상 문제점

- 사운드 활용 범위가 넓다는 것을 알아야 함
  - 사운드는 동영상에서 의미 변화, 의미의 증폭과 감소, 의미를 만들어 낼 수도 있음
- 사운드를 오남용하지 않으려면 활용 범위를 제대로 알아야 함
  - 초보자 중에는 온라인에서 자주 듣는 배경 음악이나 효과음을 사용해야 자신의 콘텐츠가 트렌디(Trendy, 최신 유행을 따르는)하다고 생각하는 경향이 있음
  - 콘텐츠 성격에 맞지 않는 사운드는 오히려 전달력을 떨어트림

추가 연습 방법

- 영화나 드라마 등 동영상을 하나 골라 사운드를 변형하여 결과가 어떻게 바뀌는지 체감해 봄
  - 변형 방법
    1. 사운드 속도 바꾸기
    2. 사운드를 부분적으로 삭제하기
    3. 사운드를 전체적으로 없애기(이미지만 있고 무음으로 만들기)
    4. 다른 사운드로 바꾸기

(3) 감쪽같이 자연스럽게 화면 이어주기
| '존 루이스(John Lewis)' 백화점

●● 원작

영국의 전통 있는 백화점 '존 루이스'의 150주년 기념 광고이다. 오랜 기간 고객과 함께 해왔음을 알리려고, 남녀노소 존 루이스에서 판매하는 상품을 입고, 사용하고, 즐기는 모습을 보여준다. 각 장면은 하나의 스토리가 될 수 있게 화면 전환으로 서로 이어져 있다.

첫 장면은 어린아이가 요요를 하며 걸어간다. 바로 이어지는 장면은 여성이 강아지 목줄을 잡고 걸어가는데, 앞 장면 어린아이의 요요 팔 동작과 겹친다. 다음 장면에서는 운동하는 남성이 양팔을 머리 위로 올리고, 그 다음 장면에서는 또 다른 남성이 양팔을 머리 위에서 내린다. 이렇게 앞뒤 장면은 인물의 동작으로 연결되어 자연스럽게 넘어간다.

편집으로만 부드럽게 연결할 수 있는 것은 아니고, 기획 단계부터 철저히 준비했기 때문에 가능한 것이다. 이러한 작업의 촬영 단계에서는 앞뒤 장면의 인물이 화면 속 어디에 위치하는지, 화면과의 비율은 어느 정도인지 계산하면서 진행한다. 먼저 찍어둔 앞 장면을 모니터링 하면서 사이즈를 맞추고, 스토리에 그 행동이 어울리는지, 행동 자체가 어색해 보이지 않는지도 살핀다.

우리도 작품에 필요하다면, 전체는 아닐지라도 신의 일부를 인물 동작 매칭을 사용해 볼 수 있다. 프로덕션 3단계 전반에 걸쳐 노력과 시간이 많이 요구되는 작업이지만 도전 못할 것은 아니다. 시청자에게 신선하면서도 흥미로운 볼거리를 추가로 제공할 수 있으니 기회가 된다면 활용해 보길 바란다.

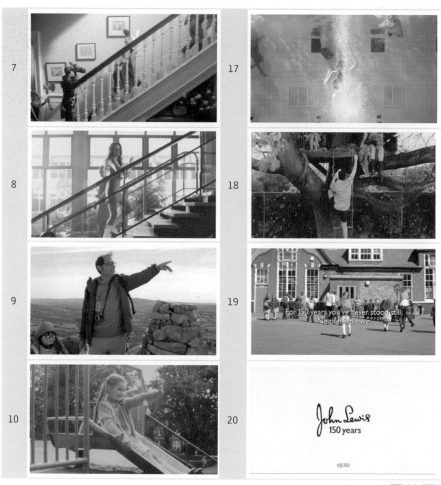

•• 티칭 포인트

"감쪽같이 자연스럽게 화면 이어주기"

레퍼런스 활용 방법

- 인물의 동작 매칭을 통해 앞뒤 화면이 자연스럽게 전환되는 효과를 배움
  - 후반 작업에서만 이뤄질 수 있는 효과는 아니고, 스토리 구성할 때부터 어떤 상황에
    어떤 동작을 매칭 할지를 정함
- 정교한 촬영을 연습할 기회임
  - 앞뒤 장면 인물의 화면 속 위치와 크기를 맞춰야 함
  - 촬영 중 필요하면 앞 장면을 모니터링해야 함

예상 문제점

- 인물의 동작 매칭은 억지스러운 동작일 경우 오히려 시청에 방해가 될 수 있음
  - 간혹 앞뒤 연결을 위해 동작을 일부러 만드는데, 어색할 경우 시청이 부담스러워짐
  - 대부분 앞 장면의 동작은 자연스러운데, 뒤 장면에서 앞과 맞추려고 동작을 만들어
    어색해짐
  - 이럴 때는 안 하는 것이 결과적으로 나을 수 있음

추가 연습 방법

- 코레오그래피(Choreography, 안무)에 대한 이해가 필요함
  - 코레오그래피는 '안무'라고 번역하는데 좀 더 범위를 넓히면 '몸의 움직임'이라 생각
    할 수 있음
  - 영화학교에서는 코레오그래피 수업이 따로 있음. 주로 연기 전공 학생의 수강과목이
    지만, 연출과 촬영을 공부하는 학생도 수강함. 이유는 몸의 움직임을 알아야 자연스
    러운 연출과 카메라 워크(Camera work)를 구현할 수 있기 때문임
- 직접 몸으로 따라 해보면 좋겠지만 여건이 안 될 경우, 스포츠나 댄스 등 몸을 다양하
  게 사용하는 동영상 자료를 자세히 살펴봐야 함

- 팔, 다리의 움직임이 많은 체조, 피겨스케이팅, 복싱, 태권도, 레슬링 등을 장면별로 멈춰 보거나 캡처해서 보면 (평소에는 잘 모르던) 사람의 움직임을 자세히 볼 수 있음
- 프로 선수의 동작이기 때문에 정확하고 아름다운 움직임을 익힐 수 있음

(4) 사운드 레이어 차곡차곡 쌓기 | '사리오이넨(Saarioinen)' 식품

•• 원작

핀란드 식품회사 '사리오이넨'의 광고로, 전자레인지에 데워먹는 간편식품을 소개한다. 음식이 익는 동안, 사람들이 기다리면서 음악을 연주하는 내용인데, 조리도구와 주방용품을 사용한 점이 독특하다. 유리컵에 액체를 담아 음을 만들고, 장식장 문을 손바닥으로 두드려 타악기 소리를 낸다.

'(전자레인지에 넣고) 간편하게 기다리기만 하면 된다'는 것과 '(음악을 연주하며 즐길 만큼) 기다리는 시간이 즐겁다'라는 것을 시각적으로 보여주는 것이다. 음악은 스웨덴 그룹 '유럽(Europe)'의 곡 'The Final Countdown(마지막 카운트다운)'이다. 음식이 조리되면서 전자레인지의 숫자(시간)가 하나씩 내려가는 것과 잘 맞물리는 선곡이다.

●● 티칭 포인트

"사운드 레이어 차곡차곡 쌓기"

레퍼런스 활용 방법

- 음과 리듬을 하나씩 추가하여 사운드 레이어(Layer)를 쌓는 과정을 배움
- 사운드를 후반 작업에서 입히지 않고, 콘텐츠 안에서 직접 만들 수 있음을 배움
  - '사리오이넨' 광고의 경우 소리를 쌓는 장소(주방), 도구(주방용품), 이유(음식을 기다리며)가 상황 속에서 적절하게 이루어짐
  - 특히 '음식을 기다리는 시간의 카운트다운' 상황과 잘 어울리는 곡(The Final Countdown)을 선택함

예상 문제점

- 레이어를 쌓아 만드는 사운드는 광고나 뮤직비디오에서 종종 접할 수 있는 소재여서 익숙하지만, 전문(음악) 영역이어서 막상 작업하려면 초보자에게는 어렵고 힘든 과제임
  - 음악 지식이 없어 음을 정교하게 만드는 것은 어렵지만, 리듬과 박자는 연습을 통해 어느 정도 표현할 수 있음
  - 관련 자료를 접하는 것도 중요하고, 직접 시행착오를 겪는 것도 중요함. 경험하지 않고 상상만으로는 부족하니 직접 해보는 것이 좋음

추가 연습 방법

- 일상 소품으로 소리 만들어 보기
  - 타악기 역할을 할 수 있는 사물을 이용해 리듬감을 연습해 봄

- 사물마다 소리가 다양해 직접 소리 내보며 강약을 조절함
- 생각지도 못한 사물이 의외의 멋진 소리를 낼 수 있음. 주변 사물을 다양하게 사용
  해 봐야 하는 이유임
  예) 플라스틱 카드가 악기가 될 수 있음
     - 책상에 칠 때 나는 소리
     - 휘었다가 반동으로 다시 펴질 때의 소리
     - 카드 날이나 모서리로 칠 때의 소리
     - 카드 여러 장을 부딪힐 때 소리 등 다양한 사운드를 만들 수 있음

(5) 새삼스러운 사실, 동영상은 이미지의 합
| '게티 이미지(getty images)' 스탁 이미지 사이트

•• 원작

이미지(동영상 포함) 스탁(Stock) 사이트 '게티 이미지' 광고이다. 게티 이미지는 창작 관련 종사자(사진, 영화, 광고, 패션, 디자인 등)가 주로 이용하는 사이트로 자료의 양이 방대하고, 검색하면 연관 이미지도 함께 볼 수 있어 사용이 편리하다. 이러한 특징을 알리기 위해 'From Love to Bingo((젊음의) 사랑부터 (노년의) 빙고 게임까지)'라는 스토리로 자신이 보유한 873장의 이미지를 이어 붙여 동영상을 만들었다. '이미지 저장고'라는 정체성을 살리면서 장점(다양한 이미지를 보유)까지 어필하는 기발한 아이디어다.

1분 6초 동안 이미지가 빠르게 넘어가며 이야기가 진행된다. 사람과 장소가 계속 변하지만, 자연스러운 화면 전환으로 이질감이 들지 않는다. 화면 속 사람의 위치와 동작을 매칭해 아주 매끄러운 편집을 했다.

● ● 티칭 포인트

"새삼스러운 사실, 동영상은 이미지의 합"

레퍼런스 활용 방법

• 동영상을 편집하려면 원본 자료가 동영상이어야 한다는 편견을 깰 수 있는 좋은 예제임
  – 1초에 24장 또는 30장의 그림이 움직여 동영상이 된다는 기본 개념을 알고 있으면
    서도, 막상 스틸컷(사진)으로 동영상을 만들 생각은 잘 안 하게 됨. 이는 아이디어
    표현 방법을 하나 놓치는 것임

예상 문제점

- 같은 아이디어라도 표현(편집) 능력에 따라 완성도가 달라짐
  - 편집 활용 능력이 어느 정도 뒷받침이 되어야 아이디어를 충분히 구현할 수 있음
- 같은 스틸컷을 사용해도 편집 순서에 따라, 박자감에 따라 전달력이 달라짐
  - 이미지 순서를 어떻게 배열할지, 어느 부분에 시간을 더 줄지 등을 고려하여 편집해야 함
- 스틸컷으로 편집할 때, 한 화면에 꼭 한 개의 이미지만 넣어야 한다고 생각할 수 있음
  - 스틸컷을 여러 장 사용하여 하나의 장면을 만들 수 있음
  - 제작자의 의도에 맞게 필요한 만큼 여러 장 사용할 수 있음
  - 여러 장을 모아 하나의 이미지를 만들 수 있다고 생각하면 아이디어 폭이 넓어짐

추가 연습 방법

- 콜라주(Collage)처럼 여러 이미지를 모아 '하나의 이미지' 만들기를 연습함
  - 그림이나 사진 앱 등 무료 이미지 편집 프로그램에서 사진을 오리고, 붙이고, 다른 곳으로 옮겨보기도 하는 등의 작업으로 이미지 표현력을 늘림

(6) 효과음으로 말해요 | '스트룬스(Stryhns)' 식품(덴마크)

•• 원작

덴마크 식품회사 '스트룬스'의 광고이다. 한 남성이 동료들과 식사하려고 도시락을 열자 빨간 하트 그림과 함께 'Sweetheart(스위트하트, 애정을 담아 타인을 부를 때 사용하는 호칭)'라고 쓴 쪽지가 보인다. 음식을 보기 전부터 정성 가득함이 느껴진다. 그런데 막상 음식을 보니 채소만 가득 차 있고, 드레싱이나 수프, 빵 등 곁들일 음식이 아무것도 없다. 남성은 놀라서 눈을 커다랗게 뜨고 입을 벌려 비명 같은 소리를 내는데, 사람 소리가 아닌 사이렌처럼 들리는 효과음이다. 함께 있던 동료들도 도시락을 보고 모두 사이렌 소리를 내고, 여러 소리가 섞여 볼륨도 커져 정신없이 혼란스러운 느낌이 든다.

사람 소리를 사용하지 않고 메시지를 효과음으로 처리한 아이디어가 독특하다. 직접적인 언어 전달이 아닌데도 강렬한 인상을 주고, 콘텐츠를 오래 기억할 수 있게 한다. 이제 사이렌 소리만 들려도 스트룬스 광고가 떠오를지 모른다. 특징적인 사운드 하나로 스토리를 이끄는 힘을 보여준 흥미로운 예제이다.

마지막 부분에 등장하는 내레이션인 '남성(또는 사람)을 위한 음식'과 관련하여 추가할 내용이 있다. 어떤 시청자는 '남성' 부분에 포커스를 두고 '그렇다면 채소는 여성이 먹는 음식인가'라고 생각하기도 한다. 그리고 초반에 등장한 하트 편지 때문에 여성이 도시락을 싸준 것이라 생각하는데, 광고는 음식으로 남녀를 구분한 것도 아니고, 도시락을 여자가 싸야 한다고 이야기한 것도 아니다. 광고의 목적은 여성과 남성에 대한 구분이 아닌 자신의 상품인 '곁들이는 음식'을 어필하는 것이다. 내용의 주관적인 해석보다 광고의 목적과 사운드 활용 부분에 초점을 두고 예제를 접하면 좋을 것 같아 우려 사항을 미리 적었다.

●● 티칭 포인트

"효과음으로 말해요"

레퍼런스 활용 방법

- 효과음이 메시지 전달에 중요 역할을 할 수 있음을 배움
  - 효과음은 선택 사항, 부가적인 요소, 첨가제 같은 역할로 보는 게 보편적임
  - 하지만 메인 역할로 커뮤니케이션 수단이 될 수 있음
- 같은 카테고리(사이렌)의 효과음이라도 종류가 다양함을 알게 됨
  예) '스투룬스' 광고에서 캐릭터마다 다른 사이렌 소리를 냄

예상 문제점

- 남발하는 효과음에 대한 고찰이 필요함
  - (다른 사람이 사용한다고 나도 해야 할 것 같은) 유행처럼 따라 하는 효과음에 대한 객관적인 판단이 필요함
  - 너무 자주 등장하는 효과음은 오히려 불필요하게 느껴지고 지루함을 유발함
  - 정말 강조하고 싶은 부분이 드러나지 않고 묻혀버릴 수 있음

추가 연습 방법

- 사운드 라이브러리(Sound Library, 배경 음악, 효과음 등 사운드를 유무상으로 제공) 사이트에서 틈틈이 특이하거나 괜찮은 무료 효과음을 수집해 둠
  - 효과음을 들어보며 구체적인 느낌을 글로 적어 봄
  - 효과음이 필요할 때 적어놓은 글을 보면서 쉽게 찾을 수 있음. 사운드 파일을 하나씩 다시 들어보는 것보다 효율적임
- 효과음을 입힐 때랑 그렇지 않을 때랑 작업을 번갈아 하면서 느낌을 비교해 봄. 최종적으로 메시지에 어떤 영향을 주는지 판단함

(7) 사운드에 따라 동영상 성격이 왔다 갔다
| '미쓰비시(MITSUBISHI)' 자동차

•• 원작

미쓰비시 자동차 광고로 대리점에서 손님이 시운전하는 장면을 녹화했는데, 좀 독특한 부분이 있다. 보조석에 탄 직원의 목소리이다. 차를 타기 전까지는 평범한 목소리였는데, 차에 타고 설명을 시작하면서부터 영화 예고편 내레이션 스타일로 바꾼다. 직원은 유명 성우 '존 베일리(Jon Bailey)'였던 것이다. 사람들은 많이 들어본 목소리라 보조석을 힐끔힐끔 쳐다보다가 이내 성우임을 알고 신기해한다. 그리고 차 안에 '두둥'하면서 들리는 배경 음악 또한 예고편의 드라마틱한 분위기를 살려준다.

광고는 영화 예고편처럼 보이게 하려고 보조 장치로 '단독 자막' 장면을 추가했고, 인물 장면과 섞어 편집했다. 자막도 예고편 스타일로 화면 중앙에 크게 적었다. 시운전 녹화 광고가 사운드(내레이션과 배경 음악)의 변화로 그 스타일이 바뀌었고, 자막까지 추가되어 의도했던 콘셉트가 더욱 실감 나게 표현되었다.

"사운드에 따라 동영상 성격이 왔다 갔다"

레퍼런스 활용 방법

- 내레이션을 후반 작업에서 따로 입히지 않고 콘텐츠 속 캐릭터가 직접 함
  - 내레이션을 사용하는 방법적인 아이디어(성우가 보조석에서 직접 말함)가 기발함
- 등장 캐릭터에 반전을 주어 흥미를 돋움
  - 대리점 직원인 줄 알았는데, 알고 보니 유명 성우였음
  - 운전석 사람의 놀라는 반응도 콘텐츠의 흥미 요소임
- 성우 캐릭터가 콘텐츠의 성격을 바꾸는 역할을 함

- 시운전 녹화 형태의 광고가 영화 예고편 스타일로 바뀜

예상 문제점

- 많은 사람이 알고 있는 익숙한 표현(유명 성우의 목소리)일지라도 잘 모르는 시청자도 있음을 항상 고려해야 함
  - 누구라도 이해할 수 있는 상황이어야 함
  - '미쓰비시' 광고를 보면 성우 목소리를 모르는 시청자가 있더라도, 영화 예고편처럼 진행되고 있다는 것은 분명하게 전달되었음
- 이번 예제의 초점은 성우의 등장이 아니라 '사운드'에 따라 '콘텐츠 형태'를 바꿀 수 있다는 것임
  - 저예산이나 1인 미디어에는 유명 성우나 배우를 고용하기 어려움
  - 내레이션 추가로 광고를 예고편처럼 만들 수 있다는 것이 중요함

추가 연습 방법

- 브이로그 한 편을 만들어 봄. 단 대사와 내레이션(자막) 없이 이미지와 음악만으로 이야기를 전달해 봄
  - 일반적인 브이로그는 설명이 주가 되는 형태임. 진행자나 자막이 없으면 메시지 전달이 어려움
  - 사운드 형태를 바꾸기 위해 의도적으로 설명을 배제하는 것임
  - 예를 들어 무성영화(대사 없음) 스타일의 고전적인 느낌으로 만들어도 좋음
  - 중요한 것은 사운드에 따라 콘텐츠가 어떻게 달라지는지를 직접 경험해 보는 것임

(8) 여러 상황이 연결되는 화면 분할

| '해양 관리 협의회(Marine Stewardship Council, MSC)'

●● 원작

'해양 관리 협의회'는 본부가 영국 런던에 소재한 국제 비영리 기구이다. 환경과 수산물의 지속가능성을 위해 일하며, 불법으로 물고기를 잡거나 환경을 파괴하는 행동을 막으려고 노력한다. 광고는 이런 취지를 담기 위해 'WE ALL WANT TO PROTECT THE OCEANS(바다를 보호한다는 것, 우리 모두가 원하는 일입니다)'란 카피로 시작한다.

내용은 바다에서 식탁까지 이동하는 물고기의 여정이다. 어부가 획득하고, 요리사가 요리하여 식탁으로 연결되는 장면을 보여준다. 물고기의 이동이 포인트여서 각 장면이 서로 이어지게 하려고 화면 분할을 사용해 장면이 왼쪽에서 오른쪽으로 이동하게 했다. 동영상에서 화면 분할은 보통 2분할을 사용하지만, 이번 예제는 여러 상황을 보여주려고 3분할을 했다. 가장 왼쪽 화면에서 시작한 행동이 첫 번째 상황이고, 중간 화면이 두 번째, 오른쪽 화면이 세 번째이다.

(각 상황 속) 인물의 동작 연결로 분할된 화면이 서로 이어져 보인다. 예를 들어 첫 화면은 어부가 배 위에서 밧줄을 당기고 있다. 이 밧줄에 배가 끌려오는 것처럼 새로운 화면(어선 한 척)이 등장한다. 그리고 끌려온 배는 또 다른 상황인 요리 장면을 끌고 온다. 눈여겨볼 점은 기존 화면의 '배' 모양과 새로운 화면의 요리 '접시' 모양이 비슷하다는 것이다. 화면 연결을 자연스럽게 하려고 가로가 긴 형태로 이질감 들지 않게 (비슷한 모양으로) 맞춘 것이다.

요리사는 음식을 담은 후 접시를 옆으로 밀고, 옆 화면의 여성은 접시를 받아 식탁 위에 놓는다. 각자 다른 공간에서 일어나는 행동이지만 동작이 연결되니 마치 한 공간에서 일어나는 것 같다.

이렇게 화면 분할을 통해 광고 전체를 동작이 왼쪽에서 오른쪽으로 자연스럽게 이어지게 했다. 메시지를 딱딱하지 않게 전달하려고, 시청자가 쉽게 이해하게 하려고, 표현에 더욱 신경을 쓴 것이다.

•• 티칭 포인트

"여러 상황이 연결되는 화면 분할"

레퍼런스 활용 방법

- 화면 분할을 통해 여러 상황이 한 화면에서 표현 가능함을 배움
  - 대체적으로 화면을 좌우 또는 상하로 2분할 하는데, 'MSC' 광고의 경우 한 번 더 분할 한 3분할을 사용함
  - 연결할 때 어색하지 않게 이미지 형태의 공통점을 찾아 화면을 이어주는 것이 중요함
    예) 가로로 긴 '배' 모양과 요리를 담은 '접시' 모양이 비슷함

예상 문제점

- 2분할 이상 분할할 경우 다소 복잡해 보일 수 있으니 이 부분을 주의해야 함
  - 복잡하면 시청에 방해되어 메시지 전달력이 떨어질 수 있음
  - 개별 장면끼리는 연결되어 보일지라도 콘텐츠 전체로 봤을 때는 통일감이 없어 보일 수 있음
  - 3 또는 4, 그 이상의 분할을 시도할 때는 꼭 그만큼의 개수가 필요한지 확인해야 함
  - 스틸컷으로라도 시안을 만들어 봄. 모의 결과물을 보고 판단하는 것이 시행착오를 줄일 수 있음

추가 연습 방법

- 이미지 연결 공부를 위해 사진을 찍거나 찾은 뒤, 그 위에 그림을 그려 넣어 새로운 상황을 만들어 봄
  - 기존에 있는 것(사진)에 새로운 것(그림)을 추가하는 것임
    예) (사진) 족발을 먹은 뒤 뼛조각 사진을 찍음
         뼛조각이 자동차에서 나오는 연기 같아 보임
       (그림) 뼈 옆에 자동차를 그려 넣음

(새로운 상황) 자동차에서 연기가 나오는 하나의 상황이 완성됨

(추가 작업) 필요하면 뼈 주변에 연기를 조금 더 그려 넣을 수 있음

- 사물(또는 인물)에 그림을 그려 넣는 연습은 표현 아이디어 확장에 도움을 줌

(9) 숨은 화면의 감춰진 메시지 | '거리의 아이들 협회(Children of the Street Society)'(캐나다)

●● 원작

성희롱 범죄를 보고도 모른척하는 것에 경고하는 공익 광고이다. 학교를 배경으로 일어나는 사건이고, 복도에 한 남학생이 셀카로 동영상을 찍는 장면으로 시작한다. 세로 화면으로 찍어 배경이 전체적으로 다 보이지는 않지만, 복도가 상당히 길고 주변에는 아무도 없는 것 같다. 그러던 중, 뒤쪽에서 여학생 한 명이 걸어온다. 셀카 찍던 남학생이 그 학생이 오는 것을 알아채고 말을 걸기 시작한다. 그런데 일반적인 친구 사이의 대화 같지 않고, 조롱하고 괴롭히는 말투다. 여학생의 표정이 굳으며 하지 말라고 말한다. 그래도 괴롭힘이 계속되자 이내 참지 못하고 다시 왔던 길로 돌아간다. 남학생은 아랑곳 안 하고 끝까지 놀리며 혼자서 촬영을 이어간다. 그리고 광고는 마무리된다.

그런데 갑자기 화면의 형태가 세로에서 서서히 가로로 바뀌기 시작한다. 원래는 가로 화면이었는데, 의도적으로 화면 일부를 가려 놓았던 것이다. 더 놀라운 것은 가려진 화면 뒤에 세 학생이 서 있다. 아까 여학생이 언어 공격을 당하고 있을 때도 그 세 명은 거기에 있었는데 마치 없는 사람처럼 가만히 있었고, 누군가 공격을 당해도 도와주지 않고 방관하고 있었던 것이다.

마지막으로 등장하는 카피는 'The story won't change if we stay silent (우리가 침묵하고 있으면 이러한 이야기는 바뀌지 않을 겁니다)', 'Speak out against sexual harassment(성희롱에 맞서 목소리를 높이세요)'이다. 없는 것이나 마찬가지인 방관적인 태도를 지적하는 시각적 아이디어가 돋보이고, 전체적으로는 반전 효과까지 준 메시지 전달력이 좋은 예제이다.

•• 티칭 포인트

"숨은 화면의 감춰진 메시지"

레퍼런스 활용 방법

• 저예산 작업에서도 충분히 활용 가능한 예제임

- 단, 화면의 숨김과 드러남이 꼭 필요한 스토리텔링이어야 함
- 대부분 '화면을 활용한다'고 하면 화면 분할이나, 화면 전환 정도로 생각함. 검은 영역의 사용은 알고 있지만 자주 잊히는 부분임
- 시각적 표현이 메시지와 아주 밀접하게 연결된 좋은 예제임
  - 화면의 '숨김'이 메시지 자체가 되었음
  - 화면을 숨기는 것은 기획부터 의도하여 촬영과 편집이 이루어진 결과임. 편집에서 검은 화면으로 일부를 가리면 된다고 생각할 수 있는데, 그럴 경우 어색하고 완성도가 떨어져 보일 수 있음

예상 문제점

- 화면 속 '배경'에 대해 볼 줄 아는 시각이 있어야 함
  - 어느 부분을 가릴지, 어느 부분을 활용할지, 어느 타이밍에 드러낼지 등을 판단해야 함
  - 전체적으로 화면 구성 능력이 뛰어나야 아이디어가 충분히 실현될 수 있음

추가 연습 방법

- 화면 속 배경을 의도적으로 분해해 보는 연습을 함
  - 이미지나 동영상 자료를 접할 때 주체를 가리고 주변 요소를 살펴봄
  - 요소를 하나씩 보면서 왜 필요한지, 만약 없으면 스토리에 어떤 영향을 줄지 등을 생각해 봄
- 반대로 화면 속 배경 요소를 모두 가리고 주인공만 그 장소에 홀로 있는 상태로 내용을 상상해 봄
  - 원래의 이야기와 어떻게 다른지 비교하고, 배경 요소의 중요성에 대해 생각해 봄

(10) 악기 없어도 연주할 수 있어요 | '에데카(EDEKA)' 슈퍼마켓

•• 원작

독일 '에데카' 슈퍼마켓에서 크리스마스 이벤트로 캐럴을 연주했다. 그런데 악기가 일반적인 악기가 아닌 계산대의 바코드 찍는 기계이다. 바코드를 찍으면 '삑' 하는 소리가 나는데, 이 점을 이용해 기계마다 특정한 음이 나오도록 한 것이다. 총 9명의 직원이 계산대에서 상품 바코드를 찍으며 각자 음을 만든다. 삑삑 소리가 나면서 점점 음이 어우러져 '징글벨'이 연주되고, 비트박스도 합류하여 멋진 공연이 완성된다. 손님들은 서로 웃으며 박수치고 즐거워한다. 사운드 아이디어가 돋보이는 예제이고, 특히 바코드를 사용한 점은 슈퍼마켓의 정체성과 특징을 살려주어 '에데카'를 오래 기억할 수 있게 해준다.

●● 티칭 포인트

"악기 없어도 연주할 수 있어요"

레퍼런스 활용 방법

- 배경 음악이 메시지가 될 수 있음
  - '에데카'는 '(크리스마스 이벤트로) 손님을 즐겁게 해드리기'를 실현하려고 징글벨을 연주함
- 배경 음악은 후반 작업에서 입히는 것이 보편적이지만, '에데카'처럼 콘텐츠 안에서 직접 연주할 수도 있음
  - 제작자가 음악적 지식이나 감각이 있어야 제대로 된 연주가 가능하겠지만, 없다고 도전 못할 것은 아님
  - 완벽한 음을 만들기 어렵다면, 타악기처럼 사물을 두드려 비트를 만들고 노래를 부를 수 있음

- 제작자 스스로 음악적 재능이 없다고 판단하여 기획 단계에서부터 포기할 수 있음
  - 평소 음악에 취약하다고 생각하는 제작자일수록 도전하지 않으려고 할 가능성이 큼
  - 하지만 직접 연주하고 만들어 보는 것이야말로 단점을 극복할 수 있는 좋은 방법임

추가 연습 방법

- 간단한 악기라도 연주하는 것을 취미로 삼아보길 바람
  - 일부만 연주해도 관계없음. 부분 연습이 모이면 하나의 곡이 완성될 것임
  - 리코더, 멜로디언, 실로폰 등 학창 시절에만 접했던 악기여도 관계없음
  - 한 번이라도 접해본 적 있는 악기라면 연주법을 전혀 모르는 것은 아니니 시작 가능함
  - 멋지게 연주하려는 목적보다 음감을 즐기기 시작하면, 후에 다른 새로운 사운드 작업을 할 때도 도움이 됨
  - 악기를 연주할 줄 알면 음악 감상의 폭도 넓어질 수 있음

(11) 중요한 순간은 길고 자세하게 | '반 휴센(Van Heusen)' 셔츠

•• 원작

미국 남성 의류 브랜드 '반 휴센'의 셔츠 광고이다. 흰옷을 입은 날엔 다른 색을 입을 때보다 얼룩 걱정이 많아진다. 이번 광고는 이런 걱정을 줄여줄 얼룩 방지 기술을 적용한 '기능성 셔츠'를 소개한다. 광고는 두 편의 시리즈로 제작되었고, 하나는 '커피 얼룩', 하나는 '케첩 얼룩'을 다룬다. 둘 다 셔츠에 많이 묻어도 오염으로 남지 않고 깨끗한 셔츠 상태 그대로임을 보여주려는 목적이 있다. 재미있는 점은 이를 좀 더 드라마틱하게 전달하려고 '슬로모션(Slow motion)'을 사용했다는 것이다.

첫 번째 편은 사무실에서 일어난 '커피 쏟기' 사건을 다룬다. 한 직원이 발을 헛디뎌 들고 있던 커피잔을 쏟았는데, 맞은편에 있는 다른 직원이 그 커피를 뒤집어쓰게 생겼다. 이때 반 휴센 셔츠를 입은 사람이 마치 첩보요원처럼 민첩하게 등장하여 그 커피를 대신 맞아준다. 기능성 셔츠라 커피를 맞아도 얼룩지지 않음을 보여주는 것이다. 이 과정을 보여줄 때 극적인 느낌을 살리려고 슬로모션을 사용했는데, 긴장감을 높여주는 것은 물론 첩보요원처럼 사람이 과연 해결할지 말지에 대한 기대감도 생기게 한다. 표현 방법(슬로모션)이 하나 추가되었을 뿐인데 장면이 보다 흥미로워졌고, 인상적인 장면 덕에 시청자는 메시지를 오래 기억할 수 있게 되었다.

두 번째는 '케첩 얼룩' 편이다. 커피 얼룩과 마찬가지로 형태는 똑같은데, 커피보다 걸쭉하다. 레스토랑에서 한 여성이 케첩 뚜껑을 열려는데 잘 열리지 않는다. 힘을 주어 열다가 앞에 앉은 친구에게 케첩이 튄다. 이때 반 휴센 셔츠를 입은 남성이 달려와 케첩을 대신 맞아주는데, 커피와 달리 케첩은 걸쭉하여 셔츠에 묻은 상태 그대로 남아있다. 남성은 여유롭게 컵에 있는 물을 셔츠에 붓고, 케첩은 흘러내려 다시 셔츠가 말끔해진다.

"중요한 순간은 길고 자세하게"

레퍼런스 활용 방법

- 슬로모션 사용 목적은 '흥미 추가'도 있지만, 장면을 '자세히' 보여주려는 목적도 있음
  - '반 휴센' 광고에서는 얼룩이 셔츠에 묻는 순간이 중요하여 이를 슬로모션으로 자세히 보여줌
- 슬로모션은 사용하는 방법에 따라 두 가지로 나뉘는데, 전체 신을 모두 슬로모션으로 하는 경우와 부분만 적용하는 경우가 있음
  - 전체를 처음부터 끝까지 슬로모션으로 진행하면 드라마틱한 효과가 있음
    예) 빗속에서 뛰거나 싸우는 장면, 물리적인 충격이 가해지는 상황(사고 장면) 등
  - 부분만 적용하는 경우 신의 리듬감을 살려주는 효과가 있음
    예) '반 휴센' 광고의 경우 일반 속도와 슬로모션을 섞어 편집하여 긴장감을 '줬다', '풀었다'를 반복함

예상 문제점

- 슬로모션과 관련해 패스트모션(Fast motion)도 함께 알아두면, 표현력을 더 키울 수 있음
  - 패스트모션은 슬로모션과 반대로 빠르게 플레이하는 것임
    예) 액션 장면에서 속도를 빠르게 할 땐 빠르게, 느리게 할 땐 느리게 풀어주어 긴장감을 살리기도 함
  - 유의할 점은 계속 느리거나, 계속 빠르면 장면이 길 경우 지루할 수 있음
  - 그리고 슬로모션이나 패스트모션이 패턴 변화 없이 여러 번 등장하면 흥미와 긴장감이 줄어들 수 있음

추가 연습 방법

- 영화 <셜록 홈즈(Sherlock Holmes)>(가이 리치, 2009)의 액션 신을 재연해봄

- 슬로모션과 패스트모션을 섞는 것은 가이 리치 감독의 트레이드마크라고 할 정도로 작품에 종종 등장함. 둘을 적절하게 사용하면 액션의 긴장감을 높이는 효과가 있음
- 속도 조절을 간접적으로 배울 수 있는 좋은 예제임
- 속도 조절은 '셜록 홈즈' 외의 다른 액션 영화에도 사용되는 방법임. 관심 있는 자료로 연습하면 도움될 것임

(12) 여러 이미지와 사운드를 한 화면에
| '러셀 홉스(Russell Hobbs)' 생활가전

•• 원작

전기주전자, 커피메이커, 토스터, 헤어 드라이기 등의 생활가전 브랜드 '러셀 홉스'의 광고이다. 'All DAY, EVERY DAY(항상, 매일)'이란 메시지를 전달하기 위해 일상에서 만나는 러셀 홉스 제품을 다양하게 보여준다. 특이한 점은 제품을 사용할 때 나는 소리인 '틱', '윙', '칙', '딱' 등을 하나씩 (레이어를) 쌓아 올려 음악을 만든 것이다. 제품 소리를 체감하며 일상에서 러셀 홉스의 제품을 그동안 많이 접해왔음을 느끼게 하려는 의도이다.

아침에 일어나 '믹서기'로 과일을 갈아 마시고, '커피메이커'로 커피를 내려 마시고, '토스터'로 빵을 구워 먹는다. 출근 전 '헤어 드라이기'로 머리를 손질하고, 오후에는 시원하게 '선풍기'로 바람을 쐰다. 휴식 시간에는 '전자레인지'로 음식을 데워먹고, '정수기'와 '제빙기'로 물을 시원하게 마신다. 저녁에는 '전기 프라이팬'으로 고기를 구워 먹는다. 이렇게 하루 종일, 그리고 매일(All DAY, EVERY DAY) 러셀 홉스 가전과 함께 하는 것이다.

소리뿐 아니라 시각적으로도 레이어를 느끼게 하려고 화면 분할로 장면을 세 개로 나눴다. 각 화면에 등장한 제품은 똑같지만 촬영 시간과 각도를 다르게 하여 보이는 모습이 다르다. 예를 들어 빵 굽는 장면에서, 왼쪽 화면에는 토스터 시작 버튼을 누르는 모습이 보인다. 오른쪽 화면은 상하로 한 번 더 나눠, 위쪽 화면에는 토스터 내부를, 아래쪽 화면에는 빵이 구워져 올라오는 모습이 보인다. 이미지와 사운드의 조화를 보여주기 위해 화면 분할을 활용한 점이 돋보이는 예제이다.

"여러 이미지와 사운드를 한 화면에"

레퍼런스 활용 방법

- 화면 분할 응용 방법을 배움
  - 보통 두 개로 나누는 화면 분할에서 볼 수 있는 장면은 '휴대폰 통화'나 '상황 비교'임
  - '러셀 홉스'는 조금 더 나아가 시간대를 순차적으로 보여주기 위해 사용함
  - 사물의 움직임을 시간과 각도(앵글)에 차이를 두고 다양하게 찍어 한 화면에 넣음
- 평소 지나치기 쉬운 평범한 사운드('틱', '윙', '칙', '딱')로 음악을 만듦
  - 제품에서 나는 소리를 음악 요소로 여긴 아이디어가 좋음
- 한 화면 속에 여러 이미지와 사운드를 동시에 담은 독특한 연출 방법임
  - 메시지 전달에 효과적인 아이디어이고, 이미지와 소리를 순차적으로 쌓는 것을 보는 재미도 있음

예상 문제점

- '러셀 홉스'처럼 여러 화면과 사운드를 한 번에 보여주는 방법은 초보자에게 다소 무리임
  - 초보자는 이미지 연습 따로, 사운드 연습 따로 하고, 숙련된 후 두 가지 표현법을 섞어 한 콘텐츠에 응용하는 것이 좋음

추가 연습 방법

- 요리하는 장면을 여러 각도와 다양한 사이즈로 촬영함

- 요리는 한 가지 상황을 다양하게 촬영할 수 있는 좋은 소재임
- 혼자서도 촬영 가능함. 규모가 큰 촬영(여러 출연진, 전문 스텝들, 실외 촬영 등)과 달리 1인 촬영으로 가능한 소재임
- 촬영 후 화면 분할을 사용하여 편집까지 완성해 봄
- 편집하면서 2분할, 3분할 다양하게 도전해 봄
- 자세하게 보여줄 때는 화면 분할 없이 단독 장면으로 편집하는 등 화면을 다양하게 응용해 봄

03

첫 번째 단계 Pre-production은 중요하니까 한 번 더!
: 캐릭터와 스토리

feat. 영화, 소설 등

어떤 일이든 기초가 탄탄해야 다음 일이 수월해진다. 동영상 제작도 마찬가지다. 프리 프로덕션(준비 단계) 작업이 충실히 이뤄지지 않으면 촬영과 편집 단계에서 어려움을 겪는다. 프리 프로덕션에는 초보자가 특히 어려워하는 작업이 있는데, 바로 '캐릭터와 스토리' 설정이다. 그동안 시청자 입장일 때는 느껴보지 못했던 창작의 고민에 빠지게 되고, 특히 아무것도 없는 상태에서 어떻게 시작할지 몰라 처음부터 막막해하는 작업이다.

예를 들면, 그림 그리기에 자신 없는 사람이 아무런 정보나 안내 없이 흰 도화지를 받게 되면 어떤 느낌이 들까? 걱정이 앞서 그릴 대상이 앞에 있어도 연필을 도화지 어디에 가져가야 할지 망설여질 것이다. 하지만 밑그림이 그려있는 컬러링북이나, 드로잉 순서를 알려주는 설명서가 있다면 조금은 부담이 줄어들지 않을까? 아무것도 없는 것보다 길잡이가 있다면, 막막하던 시작이 가능해질지 모른다.

마찬가지로 캐릭터와 스토리 작업도 길잡이가 있다면 더욱 수월해질 것이다. 우리가 지금까지 사용한 '선행 경험'을 이번에도 적용할 수 있는데, 영화, 소설 등 스토리물(원작)을 변형하여 연습하는 것이다. 실제 초보자 교육에서 사용한 방법이고, 학생들에게 긍정적 피드백을 받았던 수업이기도 하여 즐겁게 실습할 수 있을 것이다.

물론 원작의 변형이 아닌, 처음부터 새로운 스토리를 만드는 것을 선호

하는 학생도 있다. 그런 학생에게는 기회를 주어 스스로 어떤 것이 나은지 (원작 변형 연습이 좋은지, 새로운 스토리 작성이 좋은지) 판단하게 하는 것이 좋다. 하지만 경험상 위의 학생 같은 경우 결과물을 만들기는 해도 캐릭터가 입체적이지 않고 밋밋해 보이거나, 스토리를 전반적으로 이해하기 어려워 중간에 맥이 끊기는 경우가 대부분이었다. 다른 학생들이 스토리를 이해하기 위해 질문을 계속해야 하는데, 이렇게 부가 설명이 있어야 이해할 수 있는 스토리라면 다시 작업하는 것이 낫다.

우리는 흰 도화지가 아닌, 토대가 있는 곳에서 시작할 것이다. 원작은 영화, 소설, 웹툰, 게임 등 스토리가 있는 작품이면 모두 좋고, 평소에 잘 아는 작품으로 시작하면 친숙하게 연습할 수 있다.

크게 두 가지 유형의 실습이 있다. 첫 번째는 원작 캐릭터의 과거, 현재, 미래 이야기를 만들어 보는 것이다. 두 번째는 새로운 캐릭터를 생성해 원작에 넣어, 또 다른 이야기를 만드는 것이다. 어떻게 입체적 캐릭터를 만들 수 있는지, 어떻게 흥미로운 이야기를 만들 수 있는지 함께 연습해 보자.

1. 캐릭터의 프리퀄, 외전, 시퀄 만들기

(1) 프리퀄: 캐릭터의 과거 이야기

•• 티칭 포인트

영화, 소설, 웹툰, 게임 등 스토리가 있는 콘텐츠에서 원작 내용보다 앞선 이야기를 다룬 것을 프리퀄(Prequel)이라 한다.

본인이 좋아하는 원작의 캐릭터를 골라 '어떤 이유로 이런 일을 하게 되

었을까?', '왜 이런 성격을 갖게 되었을까?', '어릴 적에는 어떤 생활을 했을까?' 등 질문을 통해 인물의 과거 이야기를 만들어 보자. 이해를 돕기 위해 널리 알려진 '흥부전'의 캐릭터 '놀부'로 과거 이야기를 만들어 보겠다.

흥부전

우리가 아는 놀부는 부자이지만 성격이 포악하고, 흥부는 반대로 가난하지만 착하다. 이야기의 결과는 놀부는 벌을 받고, 흥부는 상을 받는다. '권선징악', '마음이 고와야 한다', '빈부격차', '남을 도우며 살아야 한다', '지금 어려워도 밝은 미래가 곧 올 것이다' 등 이야기를 접하는 사람마다 느끼는 것과 깨닫는 것이 다를 것이다.

하지만 놀부가 스토리에서 빌런(Villain, 적) 역할인 것은 공통으로 받아들인다. '놀부는 왜 동생 흥부와 성격이 다르고 부정적일까?', '왜 자신의 부를 아등바등 지키려 하고, 하나밖에 없는 동생이 끼니를 굶는데도 눈 하나 깜짝 안 할까?', '무슨 숨겨진 이유라도 있지 않을까?' 프리퀄은 이런 질문에서 시작될 수 있다. 질문에 대답하기 위해 못된 놀부의 과거로 돌아가 보겠다.

프리퀄: 어린이 놀부

흥부가 8살 때의 일이다. 형 놀부가 실종되고 석 달이 지났다. 동네에 놀부의 실종 소문이 퍼진지 오래되었고, 흥부네 부모는 얼굴이 말이 아니다. 어머니는 매일 울다 잠들어 눈이 퉁퉁 부어 잘 뜨지도 못한다. 흥부는 같이 즐겁게 놀던 형이 보이지 않자 혼자서 조용히 마당에 앉아 있고, 시무룩한 표정이다. 부모님과 동네 사람 모두가 형을 걱정하고 있다는 것을 어린 나이이지만 다 알고 있는 것이다.

흥부네 집은 부유하여 집이 크고 일하는 사람도 많은데, 오후에 일하는 사람 한 명이 대문 밖에서 기웃거리는 어린아이 한 명을 발견한다. 못 들어오게 쫓으려 했지만 틈만 나면 아들이 돌아왔나 확인하려고 대문을 바라보던 흥부 어머니가 아이를 들어오게 한다. 밥을 주니 허겁지겁 잘 먹는다. 아이에게 이것저것 물어보자, 가족 없이 가난하게 거닐다 여기까지 왔다고 한다. 흥부 어머니는 갈 곳이 없으면 자기네 집에 머무르고 싶을 때까지 있어도 좋다고 한다.

이렇게 지낸 지 몇 년이 흐르고 여전히 놀부는 돌아오지 않는다. 흥부 부모님은 놀부가 사라진 후 새롭게 찾아온 문밖의 아이를 이제 놀부라 생각할 정도로, 그 아이는 그 집의 장남으로 흥부의 형으로 잘 살아가고 있다. 이름도 없었기에 어머니는 잃어버린 큰아들이 생각나 그냥 놀부로 불렀는데, 시간이 지나면서 모두 그렇게 부르자 그 아이는 정말 놀부가 된다. 흥부도 친형은 아니지만, 놀부를 자신의 하나밖에 없는 형이라 여기며 함께 청소년기를 즐겁게 보내며 성장한다.

놀부와 흥부는 이제 20대 청년이 되었다. 그러던 어느 날 부모님이 사고를 당하여 목숨을 잃고, 두 형제는 뜻밖의 장례를 치른다. 문제는 그 다음부터다. 놀부의 태도가 예전과 같지 않고 화를 잘 내며 불안해하고 일하는 사람을 쉽게 해고하여 주변 사람들이 두려워하는 존재가 된다.

놀부는 부모와 집 없이 떠돌다 흥부네로 들어와 유복하게 살아오면서 과거의 아픔을 잊고 사는 줄 알았는데, 부모라고 여겼던 자신을 감싸주는 존재가 사라지니 불안 증세가 나타나기 시작한 것이다. 어릴 적 아픈 삶이 반복되는 게 싫어 자신을 제외한 모든 이에게 방패를 치기 시작한다. 가난, 고독, 가족의 부재 모두 한꺼번에 밀려와 이제부터는 아무것도 뺏기지 않으려는 욕심에 재산을 모두 차지하려 한다. 이젠 동생 흥부도 눈에 들어오지 않고 그동안의 우애도 한순간에 모두 무너진다. 마침내 놀부는 흥부를 내쫓는다. 한 푼도 없이 밖으로 내몰린 흥부는 아무것도 없는 방랑자 신세가 된다. 하지만 바른 성품으로 자라온 그의 성격 덕에 아무리 어려운 고난이 찾아와도 모두 이겨내며 살아간다.

연습 방법

- 과거 시점으로 캐릭터 이야기를 상상함
  - 어린 시절부터 원작 이야기가 펼쳐지기까지의 시간 안에서 어느 시점을 선택할지는 자유임
- 원작의 캐릭터가 '왜, 어떻게 그런 행동을 하게 되었는지', '왜, 어떻게 그런 성격을 갖게 되었는지' 의문 해보는 것으로 이야기를 시작할 수 있음
- 현재의 악당이 과거에는 선한 사람일 수 있고, 성격이 다를 수 있음
  - 열린 생각으로 다양하게 상상하는 것이 연습에 도움 됨

유의할 점

- 학생의 의견을 존중해야 함. 교사가 생각하기에 터무니없는 이야기라도 끝까지 들어주고 생각을 정리할 수 있도록 도와줌
  - 개입이 많을수록 학생의 상상력을 방해할 수 있음
  - 교사는 학생의 생각이 교육적 범위에 있는지 판단 후 타당하다면 제약을 최소화함
- 저작권이 있는 원작은 학생이 각색 연습한 것을 공식적으로 온라인 등에 공개하지

않도록 함

- 개인 창작물을 만드는 것이 아닌 교육용 연습임을 설명함

(2) 외전: 현재 시점의 또 다른 이야기

•• 티칭 포인트

이번에는 과거가 아닌 현재 원작에서 다루는 같은 시간대의 이야기이다. '같은 시점이면 이미 원작 스토리가 있는데, 또 무슨 이야기를 해야 하는 건가?' 궁금할 것이다. 원작에서는 알 수 없는, 또는 드러나지 않는 캐릭터의 이면이나 사건 등을 다루려고 한다. 캐릭터 간의 관계나 벌어지고 있는 일, 갈등 상황 등은 원작이 가진 설정을 그대로 두고, 이야기 하나만 새롭게 만드는 것이다.

아는 사람도 있겠지만, 이렇게 같은 시간대의 원작에서 파생된 작품을 부르는 용어가 있다. '외전' 또는 '스핀오프(Spin-off)'라고 한다. '외전'은 원작의 요소를 대부분 가져오는 것으로, 비하인드 스토리라고 생각하면 이해하기 쉽다. '스핀오프'는 인물, 콘셉트 등 원작의 요소 중 일부를 차용하여 새로운 작품을 만드는 것이다. 요즘은 예능 방송이 인기가 많아지면 스핀오프를 만들기도 하여 그 용어와 개념이 익숙할 것이다. 우리가 연습할 것은 둘 중 어떤 방법을 택해도 좋다. 중요한 것은 '원작과 같은 시간대에 있는 또 다른 이야기'라는 것에 초점을 두고 연습하면 된다.

원작을 보다 보면 스토리 흐름에 별로 중요하지는 않지만, 간혹 의문이 생기는 점이 있다. '시간 관계상 모두 설명할 수 없어서 넘어갔나?', '나만 궁금한 건가?', '후속편에서 설명하려고 남겨두나?' 등 생각해 본 적이 있을 것이다. 또 다른 이야기는 이런 물음에서 시작된다.

예를 들어 '흥부전'에서는 흥부의 자식 수가 많다는 점이 의문 사항이다. 먹을 것이 부족한데 식구도 많으니 흥부가 정말 힘들었겠다는 생각도 든다. 정확한 자식 수는 작품(판소리, 동화 등)마다 다르고 언급 안 되는 곳도 있어 잘 모르지만, 어떤 버전에는 스물아홉 명으로 소개되기도 한다. 허구이지

만 상당히 많은 인물 설정이라 의문이 생길 수밖에 없다. 어떻게 그 많은 자식을 낳고 키울 수 있었을까? 현실성을 따지는 것은 억지스러울 수 있지만, 연습에 이보다 더 좋은 소재가 있을까 싶다. 스토리 아이디어 개발 연습에 아주 흥미로운 소재이다.

스물아홉 명이면 '그중 쌍둥이나 세쌍둥이도 있지 않을까?' 하는 생각도 든다. 이런 알쏭달쏭한 궁금증을 갖고 연습을 시작해 보자. 흥부전의 원작과 같은 시간대로 돌아가 어떻게 많은 자식이 있었는지 이야기를 만들어 보자.

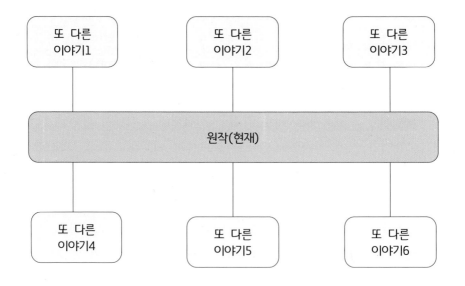

흥부전의 숨겨진 이야기: 흥부의 친자식은 한 명도 없었다!

흥부는 착한 아내와 함께 가난하지만 행복한 결혼생활을 하고 있다, 어느 날 흥부는 길을 가다 한 아이가 울며 걸어가고 있는 것을 발견한다. 이유를 물으니 엄마가 잠시 기다리라고 해서 서 있었는데, 며칠이 지나도 엄마가 돌아오지 않는다고 한다. 흥부는 배가 고파 힘들어 보이는 아이를 집에 데려와 자신의 식사를 내어준다. 밥을 다 먹어갈 때쯤, 갑자기 아이가 울기 시작한다. 아이는 자기 동생도 데려오고 싶다는 것이다. 흥부는 어리둥절했는데, 이야기를 들어보니 그 아이는 동생을 안전한 곳에 두고 먹을 것을 구하러 돌아다니다가 흥부를 만난 것이라고 한다. 자신이 너무 배가 고팠던 나머지 동생도 잊고 흥부를 따라온 것이다. 배가 부르니 갑자기 동생이 생각나 울면서 이야기한다. 흥부와 아이는 동생이 있는 곳으로 함께 가서 동생을 찾는다. 어디에선가 동생이 형을 부르는 소리가 들리고, 둘은 그곳으로 빠르게 걸어간다. 그런데 동생은 혼자가 아니다. 길 잃은 또 다른 아이들 두 명과 함께 놀고 있다. 동생은 형을 보자 반가워 달려든다. 동생과 함께 있던 아이들은 멋쩍은 듯 웃으며 흥부를 바라본다. 이렇게 흥부는 하루 만에 자식이 넷이 된다.

　어려운 형편에도 불구하고 흥부는 아이들을 친자식처럼 열심히 키운다. 몇 달 뒤 새벽, 어린 아기의 울음소리에 흥부네 식구들은 눈을 뜬다. 문을 여니 집 앞에 갓난아기가 바구니에 누워있다. 가난한 집에 놓고 갈 만큼 친부모가 얼마나 절박했을까를 생각하며 흥부 부부는 아기를 정성스럽게 키운다. 이렇게 흥부네는 친자식이 아니라도 자기 자식처럼 성심껏 키운다는 이야기가 동네 밖까지 소문이 나고, 부모 없는 아이들이 이를 듣고 하나둘 찾아온다. 그중에는 동갑내기들도 있어 그들은 쌍둥이처럼 큰다. 흥부네는 가난하지만 자식들이 주는 행복에 항상 웃음이 끊이질 않는다.

- 원작의 시간대에서 일어날 듯한 일을 상상해 봄
  - 원작 내용 중 궁금했던 부분에 대해 자유롭게 이야기를 펼쳐나감
- 한 가지로 끝나지 않고 여러 이야기를 만들수록 발상 연습에 도움이 됨
  - 미래의 본인 작품의 아이디어를 짤 때 도움 되는 연습임
- 아이디어는 생각에서 그치지 않고, 정리해 두면 후에 자료로 사용할 수 있음
  - 머릿속에 있는 것은 시간이 지나면 잊혀 구체적인 아이디어를 기억해 내기 어려움
  - 이야기 아이디어가 많으면 그만큼 자산이 늘어나는 것임
  - 한 가지 유의 사항은 그 이야기를 본인 작품에 그대로 적용하는 것이 아님. 영향을 주는 자료로 활용하는 것임

- 한 가지 주제로 '짧은' 스토리를 구상하는 것이 도움 됨
  - 여러 가지 주제를 한꺼번에 담는 긴 스토리보다, 한 가지 주제로 짧은 스토리를 여러 개 만드는 것이 초보자가 연습하기에 쉬움
  - 여러 가지 주제를 한꺼번에 모두 담으면 이야기가 정신없이 산발적으로 흐를 수 있음
  - 아직은 초보여서 무리하지 말고, 작은 단계부터 차근차근 올라가는 것이 중요함

(3) 시퀄: 캐릭터의 미래 이야기

●● 티칭 포인트

마지막 연습은 캐릭터의 미래 이야기이다. 원작 이후의 시간을 다루는 것으로 시퀄(Sequel)이라 부른다.

동화의 결말을 보면 '그 후 행복하게 살았답니다'로 끝나는 경우가 많

다. '과연 계속 행복했을까?' 한 번쯤은 생각해 봤을 것이다. 소설을 읽고 책을 덮은 후, '주인공은 앞으로 어떻게 살게 될까?' 궁금한 적이 있지 않은가. 특히 좋아하는 캐릭터일수록 다음 일이 궁금했는데, 이번 연습이 그 궁금한 뒷이야기를 직접 만들어 볼 기회이다.

캐릭터의 미래 이야기는 원작에서 멀지 않은 가까운 미래여도 되고, 아주 먼 미래여도 된다. 하지만 좀 더 쉽게 연습하려면 결말 시점에서 많이 멀지 않는 것이 좋다. 아무래도 먼 이야기보다 가까워야 관련지을 요소가 많아지기 때문이다.

시퀄: 다시 가난해진 흥부

제비가 물어다 준 박씨 덕분에 흥부는 큰 부자가 되고, 놀부는 욕심이 지나쳐 벌을 받는다. 1년 후, 놀부는 잘못을 깨우치고 크게 반성하며 흥부에게 용서를 구한다. 흥부는 형이 고통스러워하자 안타까워하며 자신의 집으로 들어와 같이 살게 한다. 흥부네와 놀부네는 한집에서 우애 있고 행복하게 산다.

이렇게 모두가 행복하게 사는 것으로 끝날 줄 알았는데, 의아한 일이 벌어진다. 흥부가 어려운 사람들에게 자신의 부를 나누어주기 시작한 것이다. 원래 욕심 없는 성격이기도 하고, 풍족해지니 넉넉하게 베풀 수 있다는 생각이 더해져 일어난 일이다. 이 이야기는 순식간에 소문이 나고, 가난한 척 하면서 흥부에게 돈을 받아 가는 사람까지 생겼다. 놀부는 흥부의 자선활동에 큰 관심을 두지 않았지만, 가난한 척 하는 사람들의 뻔한 거짓말을 보고 가만히 있으면 안 되겠다는 생각을 한다. 사실 흥부는 재정에 대한 현실적 감각이 크게 없다. 하지만 수에 밝은 놀부는 금방 꼼수를 알아볼 수 있었다.

놀부는 흥부에게 제안을 한다. 이런 식으로 나누어 주면, 언젠간 부는 바닥나게 마련이고 지금의 자선도 정말 도움이 필요한 사람에게 돌아가지 못한다고 말한다. 이러지 말고 '흥부재단'을 만들어 도움이 필요한 사람들을 평생 돕자고 한다. 흥부는 형의 제안을 흔쾌히 받아들인다. 하지만 흥부는 조건을 하나 제시한다. 경영은 자신이 하지 않고 형인 놀부가 해주면 좋겠다는 것이다. 사실 흥부는 갑작스러운 부에 부담을 느끼기도 했고, 경제적인 운영을 제대로 해 본 적이 없어 자신은 적합한 운영자라 생각하지 않았다. 놀부는 과거에 못되고 난폭하긴 했지만, 재산 관리 학습은 철저하게 되어있어 경영자로서는 제격이었던 것이다. 흥부는 이점을 알고 있었다. 흥부는 자신은 생계를 유지할 만큼만 있으면 충분하다고 하면서 일부만 남기고 재산을 모두 기부하여 '흥부재단'을 만든다. 청렴한 생활을 자처한 것이다. 경영자 놀부는 체계적으로 자선사업을 하며 사업을 확장해 나간다. 도움을 받는 사람과 액수는 점점 늘어나 성공적인 재단을 운영하게 된다.

- 평소 관심이 많은 캐릭터일수록 '미래 이야기 만들기'가 수월함
  - 이미 생각해 본 적 있는 내용이 있을 수 있음. 이를 더욱 구체화하면 됨
  - 생각해 놓은 것이 없더라도 잘 모르는 캐릭터보다 친근하게 접근할 수 있음
- 인물의 성격을 자세히 관찰하는 것이 중요함. 그 속에서 답을 찾을 수 있음
  - 흥부전 결말을 보면 흥부가 계속 부자로 살 것 같지만, 그가 살아온 환경적 요소와 착한 성심으로 미루어보면 현실적으로 부를 유지하기 어려울 수 있음
  - 놀부는 한바탕 혼나고 가난하게 계속 살 것 같음. 하지만 장점으로 바꿀 수 있는 특기가 있음. 그 부분을 다음 이야기의 시작점으로 생각해 볼 수 있음

- 어떤 학생은 원작의 내용과 별로 관련성 없는 이야기를 만들 수 있음
  - 다소 내용이 관련 없더라도 발상을 활발하게 하면 제약을 두지 않는 것이 좋음

- 엉뚱한 발상이더라도 끝까지 들어보고 학습 목적에 어긋나지 않으면 의견을 존중해 주는 교사 역할이 필요함
- 조건에 학생을 너무 가두면 새로운 이야기를 상상하는 데 걸림돌이 될 수 있음
- 실제적인 이야기 내용보다 '선행자료를 바탕으로 스토리 연습을 하고 있다'는 것에 초점을 두는 것이 좋음

2. 캐릭터 바꾸기

(1) 원작 고르기

● ● 티칭 포인트

이번에는 캐릭터를 집중적으로 공부할 차례다. 원작에 인물 수가 많을 수록 공부할 거리가 다양해지고, 그들 사이의 관계를 함께 배울 수 있어서 좋다. 되도록 캐릭터가 많이 등장하는 원작을 고르길 바란다. 소수로 등장(특히 한 명일 경우)하면 분석이 심오해져 부담감이 생기고 진도가 안 나갈 수 있다.

팁 하나 더 보태면, 캐릭터들의 공통점(직업, 생활, 특기 등)이 있으면 공부에 도움 된다. 그들을 하나의 카테고리에 넣어 그 안에서 차별점을 만들기 때문에 좀 더 입체적인 캐릭터를 공부할 수 있다.

두 가지 상황을 비교해 보겠다. 먼저 공통점이 '없는' 경우다. 한 이야기 안에 캐릭터들의 직업이 의사, 변호사, 선생님, 주부 등 제각각이어서, 직업으로 대변할 수 있는 뻔한 특징만 생각난다. 의사는 과학적 근거에 의해 객관적으로 판단하는 사람, 변호사는 증거와 논리로 이치를 파악하는 사람, 선생님은 모르는 사람을 위해 자세히 설명하는 사람, 주부는 가정일에 부지런하고 아이들을 끝까지 챙기는 사람, 이렇게 전형적인 특징이 떠오른다.

하지만 공통점이 '있는' 상태에서는 뻔한 특징보다 사람 자체에 집중하게 된다. 예를 들면 의사들을 자세히 들여다보니 그중 한 명은 건망증이 심

해 전형적인 의사에 대한 완벽한 이미지보다 인간적인 면이 보여 친근한 느낌이 든다. 어떤 의사는 학비를 벌어야 해서 여러 아르바이트를 하다 뒤늦게 학업을 시작했고, 다른 의사들보다 나이가 많다. 이 캐릭터는 의학적 지식 외에 사회에서 배운 경험이 자산이다. 그래서 동료들이 힘들어할 때 부모처럼 상대를 감싸고 함께 공감해주는 캐릭터가 된다.

물론 공통점의 유무에 따라 원작의 질적 수준이 달라지는 것은 아니다. 초보자를 위한 캐릭터 예를 고를 때, 학습에 좀 더 도움 되는 유형을 소개하는 것이니 오해하지 않길 바란다. 이러한 부분을 참고하여 학생 공부에 필요한 원작을 선택하면 좋겠다.

연습 방법

- (한 그룹 안에서) 독특한 성격을 골고루 다룰 수 있는 원작을 공부함
  1. 슈퍼 히어로물
     - '특별한 능력을 가진자'로서 사람을 도와주는 공통 특징이 있음
       예) 영화 <어벤져스(Avengers)> 시리즈. 영화 <인크레더블(Incredibles)>
       시리즈
  2. 가족 이야기
     - 가족 공동체만의 유사한 특징과 생활방식을 갖고 있음
       예) 미국 드라마 <모던 패밀리(Modern Family)>, 영화 <리틀 미스 선샤인
       (Little Miss Sunshine)>
  3. 같은 직업군
     - 같은 일과 공간을 공유하고, 많은 시간을 같이 보냄
       예) 요리사, 운동선수, 의사, 변호사, 선생님 등 직업 관련 영화와 드라마 등

유의할 점

- 원작은 교사가 제공하는 것보다 학생이 좋아하는 캐릭터가 있으면 그 자료를 우선순위로 선택함

- 평소에 눈여겨본 캐릭터는 자세한 분석에 유리함
- 캐릭터에 대해 따로 설명하지 않아도 됨. 필요한 학습에 시간을 더 사용할 수 있음
- 하지만 학생이 원작을 선택하지 못할 경우를 대비해 교사는 자료를 준비하고 있어야 함
  - 수업 시간에 원작을 처음부터 끝까지 모두 보거나 읽지는 못하더라도 스토리와 캐릭터는 충분히 설명해 주어야 함
  - 이때 스토리는 간단하게 구두로 설명하고, 캐릭터는 원작의 장면을 직접 보여줘야 함
  - 보여줄 장면은 캐릭터들이 소개될 때(대부분 도입부)임. 이때 특징을 임팩트 있게 드러내기 때문에 캐릭터 파악에 중요함
  - 수업 시간이 그리 길지 않으므로 동영상일 경우 스킵 해 가며 캐릭터별 등장을 부분적으로 보여줌
  - 소개 장면 외에 추가로 보여줄 장면은 캐릭터가 사건을 해결하거나 중요한 역할을 맡을 때임. 캐릭터를 자세하게 파악할 수 있는 중요한 장면임

(2) 주요 캐릭터 분석하기

●● 티칭 포인트

대부분의 스토리물은 캐릭터를 초반에 소개한다. 특별한 경우 나중에 등장시키기도 하지만, 일반적으로 시작할 때 중요 인물들을 만날 수 있다. 영어권 드라마의 경우 가장 첫 번째 방송인 '시즌 1(Season 1)'의 '에피소드 1(Episode 1)'을 '파일럿(Pilot)'이라고 하는데, 앞으로의 내용을 이끌어갈 조종사 역할을 하여 그렇게 부르는 것이다.

파일럿 방송은 스토리의 시작점이어서 드라마의 전반적인 특징, 캐릭터 소개, 그들의 관계 등 설정 사항을 체계적으로 보여준다. 그리고 캐릭터의 외모부터 대사, 행동, 습관, 강점, 약점 등 왜 그렇게 설정했는지 이유도 알 수 있어 공부 예제로 적합하다. 만약 드라마를 학습 자료로 사용하고 싶다면 파일럿 방송(첫 방송분) 사용을 권한다.

연습 방법

- 캐릭터가 처음으로 등장하는 부분(대부분 도입부)을 자료로 사용함
- 성격을 유추할 수 있는 부분을 구체적으로 살펴봄

    예) 요리사의 스토리를 다룬 원작이 있다고 가정함

    요리사 5명 (A, B, C, D, E)이 주요 인물임

    인물의 '외모(유니폼)', '대화', '행동'을 구체적으로 살펴봄

  1. 외모: 같은 유니폼이어도 스타일별로 다르게 착용한 점을 살펴봄

      A는 큰 키와 벌어진 어깨에 맞도록 넉넉하고 듬직하게

      B는 타이트할 정도로 몸에 꼭 맞게

      C는 빳빳하게 다림질하여 흐트러짐 없게

      D는 음식 얼룩이 군데군데 묻어있고 단추를 어긋나게 끼워 엉성하게

      E는 소매와 칼라에 다른 색의 레이스를 달아 자신의 개성을 드러나게

  2. 대화: 다른 사람과 대화하는 장면을 살펴봄

      A는 굵고 저음의 목소리로 우렁차고 크게

      B는 말의 속도와 크기를 일정하게

      C는 비속어 없이 정확한 단어를 사용하며 발음을 또렷하게

      D는 유행어, 신조어, 줄임말, 언어유희를 사용하여 재미있게

      E는 아이한테 말하듯 사랑스럽게

  3. 행동: 요리하는 장면을 자세히 봄

      A는 칼질을 듬성듬성하고 큼직하게

      B는 계량컵을 재가며 오차 없이 정확하게

      C는 재료를 깨끗하게 씻고, 조리도구 등을 정리하면서 깔끔하게

      D는 조리도구를 쓰지 않고 손으로 재료를 뜯으면서 대충대충 엉성하게

      E는 플레이팅 할 때(접시에 음식을 담을 때) 아주 정성스럽게

유의할 점

- (원작 캐릭터에 대해) 위에 적은 것처럼 학습자 본인의 언어로 한 번 더 정리하는 것이 중요함
  - 필요할 경우 캐릭터가 나오는 장면을 캡처함. 그 후 외모, 대화, 행동 등을 단어나

문장으로 적음
- 한 가지 면으로 캐릭터를 단정 짓지 않도록 유의함
  - 외모, 대화, 행동, 습관, 강점, 약점 등이 차곡차곡 모여 하나의 캐릭터를 완성한다는 것을 알아야 함
  - 여러 요소를 다양하게 분석하여 캐릭터를 파악함

(3) 바꿀 캐릭터 정하기

• • 티칭 포인트

여러 캐릭터 중 어떤 캐릭터를 바꿀지(스토리에서 뺄지) 고르는 단계이다. 특별한 기준은 없지만, 바꾸면(기존의 캐릭터가 빠지면) 다른 스토리를 흥미롭게 만들 수 있는 캐릭터를 선택하는 것이 유리하다. 주연을 바꿔도 되고, 조연을 바꿔도 된다. 새롭게 삽입된 캐릭터로 인해 기존 작품의 주연이 조연이 될 수 있고, 반대로 조연이 주연이 될 수 있다.

연습을 위해 앞에서 예를 들었던 인물 5명(A, B, C, D, E) 중 A를 바꿔보겠다(기존 스토리에서 빼겠다).

캐릭터 A

1. 외모: 큰 키와 벌어진 어깨에 맞도록 넉넉하고 듬직하게
2. 대화: 굵고 저음의 목소리로 우렁차고 크게
3. 행동: 요리할 때 칼질을 듬성듬성하고 큼직하게

A는 40세 남성으로 직업은 요리사이다. 신체 건장하며 바르고 모범적인 성격으로 타인을 잘 도와준다. 길을 가다 무거운 짐을 힘겹게 든 노인이 있으면 주저 없이 들어준다. 한번은 동네에 홍수가 났는데, 센 물살에 움

직이지 못하는 사람들의 손을 잡고 함께 목적지까지 걸어가 주고, 어린아이는 업고 갔다. 이런 바른생활을 사는 A는 주변에 일어나는 사건의 문제 해결사 같은 역할을 한다.

하지만 자신의 아이들(9세 여아, 6세 남아)에게는 엄한 아빠다. 타인에게는 자상하고 친절하지만, 자신의 아이들에게는 교육적인 목적으로 엄격한 태도를 보이고 말투도 일부러 딱딱하게 한다. 아이들은 아직 어려 아빠의 속마음은 이해하지 못하고 무서운 아빠로만 여긴다.

이런 A를 원작에서 빼고, 새로운 캐릭터를 넣으면 주변 사람들과 가족의 반응은 어떻게 변할까? 어떤 새로운 상황이 펼쳐질까? 물론 캐릭터가 바뀐다고 상황이 모두 바뀌는 것은 아니다. 기존 캐릭터가 해온 방식과 비슷할 수 있다. 하지만 성격이 다른 캐릭터가 등장했기 때문에 완전하게 같기는 어렵고 방향이 조금 바뀌거나, 다른 일이 일어나거나, 어쩌면 아무 일도 없을 수 있다.

이렇게 가능성을 다양하게 열어두고 원작에서 바꿀 캐릭터를 정하도록 한다.

연습 방법

- 바꿀 캐릭터를 정함
  예) 캐릭터 A를 바꿈(기존 스토리에서 뺌)
    - A의 특징을 글로 정리하여 한데 모음
    - A가 중심인물로 등장했던 사건을 간추려 봄
      1. 무거운 짐을 옮기는 노인을 도와줌
      2. 홍수가 났을 때 사람들이 길을 건너게 도와줌. 어린아이는 업고 건넘
      3. 가정에서 자신의 아이들에게는 엄격한 아버지임. 아이들과 대화가 별로 없음

- 캐릭터 바꾸기를 하면 주변 인물의 반응과 상황이 변할 수 있다는 것을 인지해야 함
  - 단순 캐릭터 맞교환이 아님
  - 가족관계가 바뀔 수 있고, 사건이 없어지거나 새로 생길 수 있음
  - 주변 인물도 필요에 따라 사라지거나 생길 수 있음
  - 캐릭터 한 명을 바꾸는 것이지만, 그 캐릭터가 미칠 영향력은 스토리 전체와 관련 있음
- 그렇다고 스토리를 모두 바꾼다거나 원작에서 완전히 벗어나지 않도록 유의해야 함
  - 원작이 있어야 할 이유가 없으면 학습 의미도 없어지는 것임
  - 원작은 선행학습 자료로 초보자 경험 성장을 위한 발판임을 잊지 않도록 함

(4) 새 캐릭터 만들기

•• 티칭 포인트

원작에서 바꿀 캐릭터가 정해졌으면, 이번에는 그 자리를 대신할 새 캐릭터를 만들 차례다. 캐릭터를 만든다는 것에 부담감이 앞설 수 있는데 걱정하지 않아도 된다. 지금까지 공부해온 방법을 기억해보길 바란다. '선행 경험'에서 시작하는 것, 이번에도 어렵지 않게 선행 경험으로 시작할 것이다. 10년 넘게 대학 수업에서 사용하면서 학생 반응도 좋았고, 특히 간단한 실습이어서 어렵지 않게 따라 할 수 있는 방법이다.

실습 명은 '좋아하는 캐릭터 발표'이다. 발표라는 단어가 붙긴 했지만, 아주 가벼운 마음으로 이야기하는 것이다. 사실 이 실습의 묘미는 학습 의도를 알려주지 않고 시작하는 데에 있다. 캐릭터를 만든다는 부담감을 주지 않으려고 워밍업 하듯 좋아하는 캐릭터를 자유롭게 이야기하게 한다. 초보자는 본격적인 제작이 시작되었다고 생각하면 경직되어 아이디어가 자유롭게 나오지 않을 수 있다. 이러한 부자연스러움을 최대한 줄이고자 가볍게 이야기하듯 좋아하는 캐릭터를 공유하는 식으로 진행하는 것이다.

교사부터 시범을 보이는데, 거창하지 않고 아주 간단하게 1분 내외로

말한다. (영화, 웹툰, 소설, 실존 인물 등) 좋아하는 캐릭터 이름과 이유를 이야기하고, 그 캐릭터를 대표할 수 있는 키워드를 말한다.

교사 시범 예

내가 좋아하는 캐릭터는 '곰돌이 푸'입니다. 꿀단지를 들고 다니는 모습이 귀엽고, 웃는 모습을 보면 나 또한 웃게 되어 기분이 좋아집니다. 푸를 보고 있으면 어른임을 잊게 되고, 동심으로 돌아가는 것 같습니다. 나에게도 순수한 마음이 있었음을 다시금 느끼게 해주는 고마운 친구입니다. 내가 생각하는 곰돌이 푸의 키워드는 '동심으로의 초대'입니다.

이렇게 시범을 보인 후 학생들이 돌아가며 이야기하도록 한다. 한 수업에 30~40명의 학생이 말하면 꽤 많은 키워드가 생긴다. 키워드는 유행어, 줄임말 등 다양한 언어를 사용하도록 하고, 어떤 학생은 사자성어나 문장으로도 이야기하는데, 이런 점도 모두 수용한다. 키워드라고 해서 꼭 단어로 제한하지 않고 학생의 표현력을 존중해주는 것이다. 하나의 압축 언어로 표현하는 것에 목적을 두고 방법에는 제약을 두지 않는다.

이렇게 모인 키워드는 보드에 모두 적어 다음 실습을 위한 자료가 되도록 한다. 실제 수업에서 적은 키워드 예제 사진을 보면, 다양한 언어가 적혀

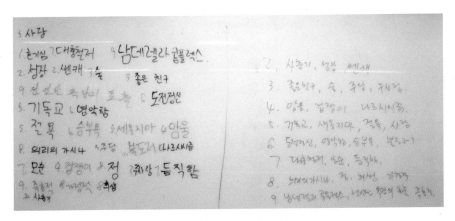

2015년 수업 자료(캐릭터 키워드 적기)

있음을 알 수 있다. 많을수록, 다양할수록, '선행 경험'으로 활용하는 데 도움이 된다.

　모인 키워드는 학습 자료가 된다. 이제 키워들 중에 서로 어울리거나 관련 있는 것끼리 묶어 줄 것이다. 2015년도에 적은 예시를 보면, 가운데 선을 기준으로 왼쪽에는 키워드가 자유롭게 나열되어 있고, 오른쪽에는 빨간색으로 재배열되어 있다. 왼쪽은 학생들이 강의실 앞으로 나와 발표한 후, 자리로 돌아가기 전에 보드에 적은 것이다(어떤 수업에서는 대표 학생 한 명이 다른 학생들이 발표하는 것을 대신 보드에 적기도 한다). 오른쪽은 키워드 중 같이 묶을 수 있는 것들을 일렬로 다시 정리한 것이다.

　오른쪽을 보면 '사춘기, 성장, 쎈캐'가 함께 나열되어 있다. 세 개를 묶으면 또 하나의 캐릭터가 될 것 같다는 학생의 의견에 따라 일렬로 적은 것이다. 키워드는 세 개를 묶어도 되고, 그 이상 묶어도 된다. 개수에 관계없이 새로운 캐릭터를 만드는 데 필요한 특징이라면 함께 묶는다. 유의할 점은 이때 교사의 개입은 최소화하고 학생의 의견에 따라야 한다. 엉뚱하더라도, 어울리지 않아 보여도 독특한 발상의 일부분일 수 있으니 교사의 의견은 되도록 줄인다.

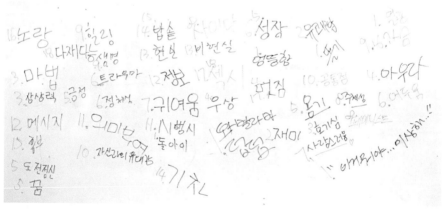

2018년 수업 자료(캐릭터 키워드 적기)

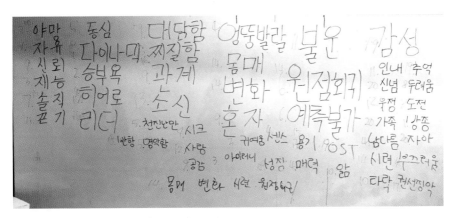

2019년 수업 자료(캐릭터 키워드 적기)

<온라인 수업>

7. 친근한 아웃사이더
1. 완벽하지 않은 완벽주의자
11. 초긍정의 대명사
13. 체스를 향한 집착
4. 엉뚱한 커리어우먼
8. 9. 평범함의 소중함
4. 10. 재치발랄
10. 11. 행복을 만드는 사람
1. 칠전팔기
14. 나만 모르는 소꿉친구
1. 자존감
4. 힙하고 당찬 여성
8. 9. 현실성
5. 조용하게 강한, 잔잔하게 나아가는
겉바속촉
11. 12. 유쾌한 평화주의자
나의 추억을 담은 나만의 캐릭터
2. 성실하고 유쾌한
11. 착한 멋쟁이
공감

2. 12. 호락호락하지 않은
8. 어쩌다 영웅, 잠재적 히어로
1. 세상에 맞서는 강인함
15. 상상을 찢고 나오는 개척자
3. 5. 외유내강
3. 정의로운 리더
6. 선한 영향력을 가진 리더
10. 언어의 마술사
8. 대단하지만, 모자란 사람
7. 8. 평범한 능력자
2. 이해와 공감
13. 나는 나
15. Life changer
6. 아람단 행동대장
14. 동화적 조력자

1. 완벽하지 않은 완벽주의자, 자존감, 세상에 맞서는 강인함
2. 성실하고 유쾌한, 호락호락하지 않은, 이해와 공감

2022년 수업 자료(캐릭터 키워드 적기)(온라인 실시간 수업)

2022년도에는 단어보다 문구를 더 적었다(온라인 수업이어서 학생들이 발표한 것을 교사가 문서 프로그램에 대신 적음).

1번 그룹으로 묶인 문구는 '완벽하지 않은 완벽주의자, 자존감, 세상에 맞서는 강인함'이다. 세 가지를 합쳐보니 1번 캐릭터는 겉으로 보기에는 강하고 굳건하지만, 혼자 있거나 편한 사람과 있을 때는 긴장을 풀고 완벽하지 않은 모습일 것 같다. 자신의 약한 모습을 애써 드러내지 않으려 하는, 하지만 결국 뒤에서 힘겹게 무너지는, 그런 사람 냄새 가득한 캐릭터처럼 보인다.

2번 그룹은 '성실하고 유쾌한, 호락호락하지 않은, 이해와 공감'이다. 따뜻한 성격을 가진 사람처럼 느껴진다. 하지만 호락호락하지 않다는 것을 보면 설렁설렁, 대충대충과 거리가 멀고, 강단 있고, 옳지 못한 일에 굴하지 않는 강인함이 있을 것 같다.

참고사항

2020년 전까진 오프라인에서 학생들과 적극적인 소통을 하며 진행해왔던 수업이라 온라인 학습으로 바뀌었을 때(2020~2022년), 이 수업 방법이 가능할지 걱정되었다. 하지만 온라인 수업에서도 발표, 토론, 피드백이 모두 가능했고, 오히려 피드백은 채팅 기능이 있어 오프라인보다 참여 학생 수가 더 많았다. 칭찬, 질문, 조언 등 다양한 이야기가 오고 갔고, 피드백을 받는 학생도 즉각적인 대답, 감사 인사, 수용적인 언어로 소통했다. 효율적인 온라인 시스템과 적극적으로 참여해준 학생들 덕에 즐겁게 공부할 수 있었다. 이렇게 '캐릭터 새로 만들기' 연습은 온라인, 오프라인 구애 없이 학습 가능하고 활발한 토론을 이끌 수 있으니 만약 온라인 수업에 대한 걱정이 있다면 부담 없이 진행해도 된다고 말하고 싶다.

교사를 위한 한 가지 팁이 더 있다. 학생이 여러 명이고, 키워드가 많으면 정리하는 데 시간이 걸린다. 그래서 식별하기 쉽게 같은 그룹으로 묶일 키워드 옆에 같은 숫자를 적는다. 예를 들어, 학생이 "저는 '사춘기'와 '성장'이 같이 묶이면 좋을 것 같아요."라고 하면 그 단어 옆에 같은 숫자 '2'를 적는다. 그리고 또 다른 학생이 "저는 '쎈캐'도 2그룹에 같이 묶이면 좋을 것 같아요."라고 말하면 그 단어 옆에도 2를 적는다. 이렇게 숫자로 먼저 그룹을 표시하고, 최종 정리된 것을 보드 오른쪽에 그룹별로 일렬로 적는다.

그리고 학생 수가 적은 수업이나 1:1 학습일 경우, 한 학생이 여러 캐릭터를 발표하게 하고 교사도 함께 참여하여 키워드를 공유한다. 최대한 많은 키워드를 적어야 새로운 캐릭터를 만들 자료가 확보되니 이 부분을 유념하길 바란다.

- 좋아하는 캐릭터(영화, 웹툰, 소설, 실존 인물 등)를 발표함
  - 캐릭터 이름과 좋아하는 이유를 함께 말함
  - 추가로 그 캐릭터를 대표할 키워드를 적음
- 여러 키워드 중 같은 그룹으로 묶을 수 있는 것끼리 묶음
  - 학생의 의견을 반영하여 개수에 관계없이 묶음(보통 3~5개의 키워드가 묶임)
- 새로운 캐릭터가 생성됨
  예1) 2015년 수업: 사춘기, 성장, 쎈캐
  예2) 2022년 수업: 완벽하지 않은 완벽주의자, 자존감, 세상에 맞서는 강인함
  예3) 2022년 수업: 성실하고 유쾌한, 호락호락하지 않은, 이해와 공감

유의할 점

- 유행어, 신조어, 줄임말에 대한 편견 없이 학생이 모두 표현할 수 있도록 함
  - 부적절한 말이 아닌 이상 최대한 창의적인 생각을 존중해 줌
- 학생이 말한 키워드가 이해되지 않을 경우, 설명을 요청해 그 뜻을 확인해야 함
  - 세대 차이(교사와 학생 사이)에 따른 결과일 수 있음. 세대 차이를 인정하고 학생의 설명에 집중함
  - 혹은 부적절한 언어 사용일 수 있음. 이럴 경우 교사가 개입하여 다른 언어로 교체하도록 함

(5) 새 캐릭터 구체화하기

●● 티칭 포인트

새로 탄생한 캐릭터를 구체화할 차례이다. 이름, 외형, 성격의 배경이 될 만한 단서들을 만들어 캐릭터를 입체화한다. 이를 위해 '캐릭터 만들기 체크 리스트(Check list)'를 공유한다. 캐릭터 만들기에 기본적으로 사용하는 질문으로, 답을 적으며 내용을 채워가는 형태이다. 간단한 질문들이라 초보자도 어렵지 않게 사용할 수 있다.

질문 중에는 '이런 것도 알아야 하나?', '이런 내용은 스토리와 관련 없을 것 같은데?'라고 생각이 드는 것도 있다. 예를 들어 친구를 만나는 주기(빈도수)나, 싫어하는 음식, 습관 등은 당장 스토리에 드러나지 않는다. 하지만 자세한 부분이 하나씩 모여 탄탄한 캐릭터가 완성되기 때문에 되도록 구체적으로 적어야 한다. 눈에 보이지 않더라도 캐릭터 행동에 영향을 줄 수 있고, 사건이 일어나는 계기가 될 수 있다. 속속들이 알아야 어떤 상황의 스토리도 억지가 아닌 시청자가 공감할 수 있는 이야기가 되는 것이다.

어릴 때 클레이(점토, 찰흙)로 무언가를 만든 적이 있을 것이다. 뼈대에 살을 붙일 때 듬성듬성 몇 번 안 붙인 것과 겹겹이 정성스럽게 붙인 것과는 결과물이 다르다. 지속시간도 다르다. 겹겹이 탄탄하게 만든 것은 잘 떨어지지 않고 견고하게 오랫동안 잘 보존된다. 캐릭터 질문도 하나의 인물을 형성해 나가는 살이 되기 때문에 구체적일수록 좋다. 인간의 내면이 단편적이지 않다는 것만 생각하더라도 왜 구체적으로 알아야 하는지 공감할 수 있을 것이다.

연습 방법

캐릭터 만들기 체크 리스트

- 이름
- 별명(애칭)
- 생일
- 성별
- 태어난 곳
- 스토리 진행 시점의 나이
- 키, 체형, 헤어스타일(색 포함), 패션 스타일
- 외모에 특징적인 부분(없으면 통과)
- 목소리, 말투
- 행동에 특징적인 부분(없으면 통과)
- 교육 배경
- 일과 관련된 경험

- 가족 관계(부모님, 몇 번째 자녀인지, 결혼했는지, 결혼했다면 자녀 유무 등)
- 친구 관계(몇 명, 친한 친구는 누구, 만나는 주기 등)
- 일반적인 인간관계(친구를 제외한 사람과의 관계)
- 관계가 안 좋은 사람(이유도 함께 적기)
- 좋아하는 것과 싫어하는 것
- 좋아하는 음식과 싫어하는 음식
- 좋아하는 색과 싫어하는 색
- 두려워하는 것
- 여가 활동, 취미
- 습관
- 장점과 단점
- 유머 감각
- 야망, 포부
- 캐릭터의 현재 문제점
- 그 문제의 심각성과 앞으로의 변화 가능성(더 심각해질지, 해결될지 등)
- 캐릭터가 사는 집과 주로 활동하는 장소(학교, 일터 등)에 대한 묘사
- 캐릭터에 대해 강조하고 싶은 점

유의할 점

- 답을 적는 데 충분한 시간이 필요함
  - 실제 수업에서 한 팀(5명)당 한 명의 캐릭터를 적는 데 1시간에서 1시간 30분 소요됨
  - 시간에 쫓기는 느낌이 들지 않도록(충분히 생각하도록) 배려해야 함
- 답변 길이는 제한 없이 자유로움
  - 질문에 따라 단답형, 자세한 설명 등 다양하게 대답함
- 대답이 생각나지 않는 질문은 건너뛰어도 괜찮음
  - 후에 다시 적을 수 있고, 아니면 그 캐릭터에 해당 사항이 없는 질문일 수 있음
  - 모두 완벽하게 채워야 하는 체크 리스트는 아님(학습을 도와주는 보조 자료임)
- 필요시 새로운 질문을 추가할 수 있음
  - 캐릭터를 자세하게 파악할수록 좋음

- 답변 중 스토리 아이디어가 떠오르면 대략적인 줄거리를 함께 적도록 함
  - 이런 부분이 연결되어 큰 스토리가 완성될 수 있음. 어떤 아이디어라도 시작점이 될 수 있으니 흘려보내지 않도록 함

(6) 기존 캐릭터 빼고, 새 캐릭터 넣기

•• 티칭 포인트

앞 단계 '새 캐릭터 구체화하기'를 통해 캐릭터가 완성되면, 캐릭터의 모습을 시각적으로 표현해본다. 반드시 해야 할 사항은 아니지만, 그림으로 그리거나 사진을 찾아 비주얼 자료를 만들면 머릿속 어렴풋한 이미지가 점점 뚜렷해진다. 그리고 모습을 갖춘 캐릭터가 앞에 있으면, 스토리를 구상하는데 유용하고 글 속에서도 생명력 있는 표현이 늘어난다.

이번 학습은 기존 캐릭터를 빼고 그 자리에 새 캐릭터를 넣는 작업이다. 캐릭터가 바뀌면 주변 인물과의 관계나 상황도 예전과는 달라져, 바뀐 상황도 함께 적어볼 것이다. 예제로 사용할 캐릭터는 앞에서 등장했던 요리사 캐릭터 'A(남성, 40세)'이다. A를 빼고 새로운 캐릭터를 넣을 것이다. 새 캐릭터는 2022년 수업에서 묶은 '성실하고 유쾌한, 호락호락하지 않은, 이해와 공감'의 인물로, 체크 리스트를 통해 구체화하면 다음과 같다.

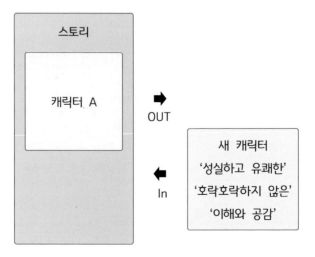

새 캐릭터

이름은 '청(聽, 들을 청)', 별명은 '리스너 (Listener)'이다. 39세 여성이고 직업은 심리상 담사이다. 가족관계는 부모님과 쌍둥이 여동 생이 있다. 동생은 쾌활한 성격이고, 언니 청 과 사이가 좋다. 청도 성격이 밝고 유쾌하다. 한편으로는 진중한 성격도 있어 어릴 적부터 친구들의 고민을 잘 들어주었다. 학창 시절에 지각 한 번 안 할 정도로 성실하고, 유쾌한 성격 덕에 주변에 친구가 많다.

고등학생 때는 봉사활동을 열심히 했고, 봉사활동 기관에서 만난 상담 선생님을 보고 심리상담사를 꿈꾸게 되었다. 그래서 대학에서 심리학을 공부했고, 장학금을 매번 받지는 못했지만 상위 권의 성적을 유지했다.

취미활동 겸 운동으로는 아침에 태권도를 해왔다. 어릴 때부터 꾸준히 단련해온 태권도는 청의 반듯하고 성실한 성격을 유지하는 데 도움을 주었 다. 문제상황이나 어려움에 처했을 때 쉽게 동요되지 않는, 호락호락하지 않 은 태도를 유지하며 해결하는 힘을 길러왔다.

이러한 청이 A의 집에 오게 되었다. A는 청의 제부(쌍둥이 동생의 남편)이 다. A가 타지역으로 파견을 가게 되었는데, 마침 청도 이직하여 집을 구해야 하는 시점이었다. 청의 새 직장은 A의 집 근처이고 A가 서재로 쓰던 방이 비게 되어 청이 그 방을 쓰게 되었다. 평소 쌍둥이 동생과 사이가 좋았던 청 이라 동생과 같이 살게 되어 좋아했고, 특히 아이들과 함께 지낼 수 있다는 생각에 신났다.

이제 A의 집에는 A가 빠지고 청이 들어간다. 어떤 상황이 펼쳐질까? A 는 타인에게는 친절했지만 자신의 아이들에게는 엄격한 아버지였다. 그런

아버지 대신 이모 청이 등장하면 아이들의 반응은 어떻게 바뀔까? 청의 성격, 직업, 성장 배경 등이 앞으로의 일에 어떤 영향을 미칠지 예상해 보자.

상황 1

이직 첫날, 청은 퇴근길에 치킨을 포장해 기분 좋게 귀가한다. 매일 혼자 먹던 저녁을 이제는 동생네 식구들과 함께 먹을 수 있다는 생각에 미소가 절로 지어진다. 집에 들어오자 아이들이 치킨 냄새를 맡고 이모에게 달려온다.

모두 식탁으로 모였고, 청은 포장된 치킨 상자를 연다, 둘째 조카(6세 남아)가 허겁지겁 손으로 치킨을 집으려고 하자, 첫째 조카(9세 여아)가 동생을 나무라기 시작한다. 손을 닦지 않고 집으려 하는 것, 어른들도 계신데 먼저 먹으려 한다는 것, 맛있는 부위만 골라 먹으려 한다는 것, 허리 펴지 않고 앉아 있는 것 등 어른이 꾸짖듯 이야기한다. 엄마인 청의 동생은 놀라는 눈빛으로 언니를 바라보며, 처음 보는 광경이라고 말한다. 그리고 잠시 후 동생은 무언가 깨달은 눈빛으로 청에게 다시 말한다. 조금 전의 일은 아빠인 A가 첫째에게 늘 하던 얘기고, 말투도 A처럼 했다는 것이다.

상황 2

식사 후, 첫째 조카가 숙제하고 있는데 둘째가 같이 놀아달라며 누나에게 장난감을 가지고 간다. 첫째 아이가 또 A(아빠)가 말하듯 동생을 나무란다. A의 엄격한 말투와 꾸짖는 행동을 그대로 하는 것을 보고 엄마가 걱정하기 시작한다. 아직 상황 파악이 정확히 안 된 청은 걱정하는 동생을 조용히 자신의 방으로 불러 이야기를 시작한다.

두 가지 새로운 상황이 만들어졌다. 이제 심리상담사인 청에게 어떤 일이 펼쳐질까? 기존 스토리에서 A의 부재로 캐릭터(첫째 조카)의 성격이 변했고, 새로운 상황이 발생했다. 심리상담사이자 이모인 청은 동생 가족과 함께 지내면서 어떤 인생을 살게 될지, 아빠인 A가 다시 돌아왔을 때는 또 어떤 변화가 있을지 기대된다.

이렇게 캐릭터를 만들고, 상황을 설정하고, 하나둘 모으면 스토리를 완성할 수 있다. 만약 이런 연습 없이 (아무것도 없는) 흰 도화지에서 출발했다면 지금 같은 진행이 가능했을지는 의문이다. 초보자에게 부담을 주는 것은 물론 순조로운 학습이 어려웠을 것이다.

연습 내용을 한 가지 더 소개하면, 기존 캐릭터를 모두 그대로 두고 새로운 캐릭터를 하나 더 추가해도 된다. '캐릭터 바꾸기'와 '캐릭터 추가하기' 둘 중 어떤 것을 택할지는 학생의 선택권을 존중해서 진행하면 되고, 만약 시간적 여유가 있으면 두 활동 모두 하는 것도 좋다.

연습 방법

- 캐릭터를 바꾼 후, (일어날 가능성 있는) 새로운 상황을 예측함
  - 기존 캐릭터의 성격이 변할 수 있음(위의 예에서는 첫째 조카의 성격이 변함)
  - 캐릭터와의 관계, 바뀐 캐릭터의 미래 등 여러 이야기를 만들 수 있음
- 기존 바탕이 있으므로 어렵지 않게 앞으로의 이야기를 전개할 수 있음

유의할 점

- 캐릭터의 자세한 배경이 (스토리에) 모두 드러나지 않아도 됨
  - 중요한 이야기는 청이 심리상담사로서 동생 가족의 문제를 어떻게 해결할지임
  - 청이 학창 시절 지각 한 번 안 했다는 것, 봉사활동에서 만난 상담 선생님이 동기 부여가 되었다는 것 등 모두 스토리에 드러나지 않아도 됨
- 하지만 배경이 드러나지 않는다고 소홀하게 여기면 스토리가 단순해질 가능성이 있음
  - 단순한 스토리는 지루하고 시청자의 공감을 이끌어 내기 어려움
  - 캐릭터가 앞으로 해결할 문제, 갈등, 주변 인물과의 관계 설정이 어색해짐
  - 배경은 앞으로 미칠 영향력에 중요한 근거임

참고문헌

Dewey, J. (1913). Interest and Effort in Education. Carbondale: Southern Illinois University.

Dewey, J. (1916). Democracy and Education. Carbondale: Southern Illinois University.

Dewey, J. (1938). Experience and Education. West Lafayette: Kappa Delta Pi.

Dewey, J. (1976). The Middle Works of John Dewey, Volume 2, 1899－1924. Carbondale: Southern Illinois University.

Dewey, J. (1984). The Later Works of John Dewey, Volume 5, 1925-1953. Carbondale: Southern Illinois University.

Dewey, J. (1988). The Later Works of John Dewey, Volume 13, 1925-1953. Carbondale: Southern Illinois University.

Dewey, J. (1989). The Later Works of John Dewey, Volume 16, 1925-1953. Carbondale: Southern Illinois University.

연희승

성공회대학교 미디어콘텐츠융합자율학부 겸임교수이자 광고대행사 크리에이티브 디렉터(CD, Creative Director)이다.

대학 강의 13년 차로, 1인 미디어, 단편영화, 뮤직비디오, 광고 등 영상 제작 수업을 해왔고, 기업, 교원, 전문 프리랜서를 대상으로도 영상 관련 강의를 하고 있다. 경기도 광고홍보제 심사위원장 등 다수 영상제와 영화제 심사위원을 역임했다.

시작은 미국 할리우드 방송국 E! Entertainment의 연출부였고, 이후엔 독립영화감독으로 활동하며 Academy of Art University에서 영화연출을 공부했다(예술학석사 M.F.A). 한국으로 돌아와 서강대학교 영상대학원에서 영상예술 전공으로 박사수료 했고, 강의와 광고 제작을 하고 있다.

저서로는 <자막 만들기 100가지>(2023), 네이버 책 베스트셀러 <숏폼 기획 아이디어>(2022)와 <크리에이터 1:1 속성 과외>(2021), 그리고 <쉽게, 싸게, 재미있게 만드는 마케팅 동영상>(2020)이 있다.

영상 제작 Teaching Point: 교육 지도서

초판발행	2024년 1월 10일
지은이	연희승
펴낸이	안종만 · 안상준
편 집	전채린
기획/마케팅	김민규
표지디자인	Ben Story
제 작	고철민 · 조영환
펴낸곳	(주) **박영사**
	서울특별시 금천구 가산디지털2로 53, 210호(가산동, 한라시그마밸리)
	등록 1959. 3. 11. 제300-1959-1호(倫)
전 화	02)733-6771
f a x	02)736-4818
e-mail	pys@pybook.co.kr
homepage	www.pybook.co.kr
ISBN	979-11-303-1886-8 93500

copyright©연희승, 2024, Printed in Korea

정 가   19,000원